电力系统与自动化控制技术

周欣花 王朝 ◎著

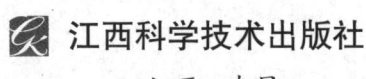

江西·南昌

图书在版编目（CIP）数据

电力系统与自动化控制技术 / 周欣花，王朝著.
南昌：江西科学技术出版社，2024. 9. -- ISBN 978-7-5390-9170-9

Ⅰ. TM763

中国国家版本馆CIP数据核字第2024VP9776号

电力系统与自动化控制技术 周欣花 王朝 著
DIANLI XITONG YU ZIDONGHUA KONGZHI JISHU

出版 发行	江西科学技术出版社
社址	南昌市蓼洲街2号附1号
	邮编：330009 电话：（0791）86623491 86639342（传真）
印刷	定州启航印刷有限公司
经销	全国新华书店
开本	710 mm×1000 mm 1/16
字数	240 千字
印张	16
版次	2024 年 9 月第 1 版
印次	2024 年 9 月第 1 次印刷
书号	ISBN 978-7-5390-9170-9
定价	98.00 元

国际互联网（Internet）地址：http://www.jxkjcbs.com 选题序号：ZK2024235 赣版权登字：-03-2024-352

责任编辑：程宁宁 装帧设计：寒 露

版权所有 侵权必究

（赣科版图书凡属印装错误，可向承印厂调换）

前　言

作为基础设施的核心组成部分，安全、可靠和高效的电力系统对经济发展和社会稳定具有至关重要的作用。

随着全球能源结构的转型和技术的快速发展，电力系统正面临前所未有的挑战和机遇。特别是在可再生能源大规模并网、电力市场化及智能化技术应用日益增多的背景下，电力系统的运行与控制变得更加复杂。这种情况不仅要求电力系统必须具备更高的灵活性和适应性，还要求相关的技术和管理方法必须不断创新。此外，随着城市化进程的加快，电力需求持续增长，电力系统的可靠和高效尤为重要。系统出现故障或不稳定可能导致严重的社会经济后果。故而，提高电力系统的自动化水平，实现其更智能的监控和管理，已成为当前电力工业发展的重要趋势。因此，我们编写《电力系统与自动化控制技术》一书，以期对本专业领域的发展与建设有所裨益。

该书由周欣花和王朝合作撰写，分为七章，其中周欣花撰写一至五章，约17万字，王朝撰写六至七章，约7万字。第一章为电力系统概述，详细介绍了电力系统的基本构成、电力系统的特点与要求、电力系统的运行与控制以及我国电力系统的发展概况；第二章为电力系统自动化概述，分析了电力系统自动化的必要性、主要内容及其发展；第三章探讨了电力系统频率及有功功率的自动控制；第四章论述了电力系统电压和无功功率的自动控制；第五章分析了电力系统调度自动化；第六章阐述了变电站和配电网自动化；第七章则介绍了电力系统安全自动装置。

  本书的特点在于系统性和前瞻性。首先，本书系统地整合了电力系统及其自动化技术的各个方面，提供了一体化的知识架构。其次，本书注重介绍最新的自动化技术和未来的发展趋势，能够帮助读者把握电力系统自动化的最前沿技术。

  本书适合电力系统工程师、技术人员和电力行业的研究人员阅读。此外，对于那些对电力系统自动化感兴趣的政策制定者和管理者，本书也能提供一定的见解。

  由于时间、水平有限，书中难免存在疏漏之处，恳请广大读者批评指正。我们相信，本书将为您带来新的思考和启示，为您的事业带来更多帮助和指导。

目 录

第一章 电力系统概述 / 1

第一节 电力系统的基本构成 / 1

第二节 电力系统的特点和要求 / 19

第三节 电力系统的运行与控制 / 27

第四节 我国电力系统的发展概况 / 32

第二章 电力系统自动化概述 / 41

第一节 电力系统自动化的概念及必要性 / 41

第二节 电力系统自动化的主要内容 / 44

第三节 电力系统自动化的发展 / 60

第三章 电力系统频率及有功功率的自动控制 / 71

第一节 电力系统频率及有功功率控制的必要性 / 71

第二节 电力系统频率特性 / 75

第三节 电力系统自动调频方法和自动发电控制 / 79

第四节 电力系统自动低频减负荷 / 90

第四章 电力系统电压和无功功率的自动控制 / 99

第一节 电力系统电压控制的必要性 / 99

第二节 电力系统无功功率平衡与电压的关系 / 104

第三节 电力系统电压控制的措施 / 107

第四节 电力系统无功率电源的最优控制 / 117

第五章 电力系统调度自动化 / 121

第一节 电力系统调度自动化概述 / 121

第二节 远方终端 / 133

第三节 数据通信与通信规约 / 143

第四节 调度中心的计算机系统 / 155

第六章 变电站和配电网自动化 / 165

第一节 变电站自动化系统的结构形式 / 165

第二节 变电站自动化的通信技术 / 170

第三节 馈线自动化 / 176

第四节 配电图资地理信息系统 / 189

第五节 自动抄表计费 / 197

第七章 电力系统安全自动装置 / 209

第一节 概述 / 209

第二节 自动重合闸装置 / 214

第三节 备用电源自动投入装置 / 225

第四节 自动解列装置 / 230

第五节 故障录波装置 / 233

参考文献 / 243

第一章　电力系统概述

第一节　电力系统的基本构成

通常所说的电力系统是指电能生产、输送、分配和消费所需的发电厂、输电网、配电网（输电网和配电网统称电网）和电力用户等互相联结而成的系统。这是一个能量系统，也被称作电工一次系统，其中涉及的主要电力设备通常称为一次设备。电力系统中还包括一个辅助系统，它由自动监控设备、继电保护装置、遥控和通信设备等组成，主要负责监视、控制、保护和调度电工一次系统。这个辅助系统是一个信息系统，称为电工二次系统，其中的设备或装置通常称为二次设备或装置。

电力系统主要由以下几部分构成。

一、发电厂

发电厂也称发电站，是生产电能的工厂，它能将一次能源（如煤炭、石油、天然气、水力、核能、风能、太阳能、地热能和潮汐能等）通过特定的发电设备转化为电能。目前在电力系统中，发电厂主要有以下3种。

（一）火力发电厂

1.火力发电厂的分类

火力发电厂（简称火电厂）主要通过燃烧煤炭、油料、天然气或其他燃料，将化学能转化为电能。火力发电厂可以根据不同的标准进行分类：

（1）按容量大小分类。按容量大小可以将火力发电厂分为以下3种：①大型电厂，具有较高的发电容量，通常用于满足大区域的电力需求。②中型电厂，容量适中，适合地区或城市级别的电力供应。③小型电厂，容量较小，常用于局部地区或特定的小规模需求。

（2）按燃料种类分类。按燃料种类可以将火力发电厂分为以下3种：①燃煤电厂，使用煤炭作为主要燃料。②燃油电厂，使用油料（如重油或轻质石油产品）作为燃料。③燃气电厂，以天然气为燃料，效率高且对环境影响相对较小。

（3）按原动机类型分类。按原动机类型可以将火力发电厂分为以下2种：①蒸汽轮机电厂，使用蒸汽轮机作为原动机，通过燃烧燃料产生蒸汽推动。②燃气轮机电厂，使用燃气轮机，适用于天然气和其他可气化燃料。

（4）按输出能量类型分类。按输出能量类型可以将火力发电厂分为以下2种：①凝汽式电厂，主要产生电能，蒸汽在发电后被冷凝。②热电联产电厂（热电厂），同时产生电能和热能，用于提高能源利用效率。

（5）按机组的热力参数分类。按机组的热力参数可以将火力发电厂分为以下4种：①低压电厂，使用较低的蒸汽压力。②中压电厂，使用中等范围的蒸汽压力。③高温高压电厂，采用较高的温度和压力提高效率。④超高压电厂、亚临界和超临界电厂，使用极高的蒸汽压力和温度，达到更高的效率和更少的排放。

2.火力发电厂的生产过程

火力发电厂主要由锅炉、汽轮机、发电机等3种核心设备及其他必要的辅助设备组成。这些设备通过各种管道和电线连接起来，形成了3个主要的生产系统：燃烧系统、汽水系统和电气系统。下面对这些系统的生产过程进行简要介绍。

(1)燃烧系统。火力发电厂的燃烧系统是电力生产的核心部分,主要任务是将煤炭的化学能有效转换为热能,以供后续的电力生成使用。煤炭首先被皮带机送至锅炉车间的煤斗,然后进入磨煤机被磨成细粉。磨成的煤粉与经过预热器预热的空气混合,混合后的煤粉和热空气被喷入炉内进而燃烧,燃烧过程中煤的化学能被转化为热能,同时产生大量的烟气。为了保护环境,烟气在排放前需经过严格的处理:首先通过除尘器去除其中的灰粉,然后由引风机抽出,并通过高大的烟囱排入大气,以减少对大气的污染。炉内产生的炉渣和除尘器收集的细灰也需妥善处理,这些残留物通过灰渣泵被送至专门的灰场进行处理或再利用。

(2)汽水系统。汽水系统主要负责水和蒸汽的循环及处理,确保蒸汽的有效产生和利用,以及系统的高效运行。水在锅炉中被加热,转化为蒸汽,随后经过加热器进一步加热,转变为具有规定压力和温度的过热蒸汽。过热蒸汽被输送到汽轮机中,蒸汽能量通过膨胀和高速流动转化为机械能,推动汽轮机的转子以额定转速(例如 3000 转/min)旋转,进而带动与汽轮机同轴连接的发电机产生电能。在汽轮机中,蒸汽在做功的过程中温度和压力逐渐降低,成为乏汽。乏汽随后被引入凝汽器,在那里被冷却水冷却并凝结成水。凝结后的水通过凝结水泵被抽出并升压,然后送入低压加热器和除氧器,水温被提高并从水中除去氧气,防止系统中出现腐蚀问题。处理后的水经给水泵进一步升压,并通过高压加热器加热后返回锅炉,从而完成了一个完整的水—蒸汽—水循环。由于在整个循环过程中会有一定的水蒸气损失,汽水系统需要定期补充经过化学处理的水以维持运行效率。补给水首先进入除氧器,与凝结水混合后,通过给水泵再次被送入锅炉中。

(3)电气系统。电气系统由发电机、励磁系统、厂用电系统及升压变电站等组成。发电机产生的电力的电压和电流取决于其容量大小。通常情况下,由主变压器对发电机输出的电压进行升高,然后通过变电站的高压设备和输电线路将电力传输到电网。同时,一小部分电力会通过厂用变压器降低电压,通过厂用电配电装置和电缆供给厂内的风机、水泵和其他辅助设备及照明设施等使用。

(二) 水力发电厂

1. 水力发电厂的分类

水力发电厂（简称水电厂）通过水流的动力推动涡轮机转动，进而驱动发电机产生电力。根据水力发电设施的构造和运作方式的不同，水电厂分为堤坝式水电厂、引水式水电厂和抽水蓄能式水电厂3种类型。

（1）堤坝式水电厂。堤坝式水电厂通过在河流的适当位置建造拦河坝，截流河水并积蓄起来，形成水位差以便进行发电。这种发电厂充分利用了水位差带来的水头压力，将水的势能转换为电能，是利用水力资源的一种有效方式。堤坝式水电厂根据坝体与厂房的结构和位置关系，可进一步分为坝后式水电厂和河床式水电厂。坝后式水电厂的特点是厂房建在大坝的后侧，利用大坝本身承受全部水头压力，这种设计使得坝后式水电厂特别适于高水头和中水头的环境。在这种配置中，大坝不仅作为水力发电的关键组成部分，同时也是确保水库安全的重要结构。因此，坝后式水电厂通常需要较为复杂和坚固的坝体结构来应对水压带来的各种力学挑战。河床式水电厂将厂房与挡水坝结合成一体，厂房本身也具备挡水的功能，由于厂房直接建在河床中，因此得名河床式水电厂。这种水电厂的水头通常较低，大多不超过 30 m。河床式水电厂由于厂房参与挡水，因此设计和建造时需要特别考虑厂房的水密性和结构稳定性。

（2）引水式水电厂。引水式发电厂主要通过引流河水至一定高差的地方，通过水管将水引至发电厂的涡轮机发电，然后再将水返回河流中。这种类型的发电厂不需要建造大型水库，对环境的影响相对较小。引水式发电厂依赖于地形条件，适合建在山区河流陡峭的地段。通过这种方式，可以最大限度地减少水资源的静态利用，充分利用水流的动态能量发电。它的建设成本相比堤坝式要低，但电力产量和调节能力也相对有限。

（3）抽水蓄能式水电厂。抽水蓄能式水电厂是一种特殊类型的水电厂，它通过在用电低谷期使用多余的电力将水从低处抽送到高处的蓄水池，然后在高峰期释放蓄水池中的水发电。这种类型的电厂功能类似于一个巨大的电池，主要用于电力系统的负荷调节，能够在电力需求高峰时迅速投入运行，提供电网所需的调峰服务。抽水蓄能式水电厂可以提高整个电力系统的灵活性和稳定性，尤其在可再生能源比例高的电力系统中，抽水蓄能式水电厂能有效地平衡电网负荷，优化能源配置。

2. 水力发电厂的生产过程

水力发电厂的生产过程是一个充分利用水资源势能转换为电能的连续流程。水库中储存的高水位水源通过压力水管引导至螺旋形蜗壳内，螺旋形蜗壳能够有效地将水流引向水轮机的转子。水在重力作用下流动，通过压力水管的加速，进入螺旋形蜗壳时带有较高的动能，这些动能在推动水轮机转子旋转的过程中转化为机械能。水轮机的转子与发电机的转子同轴连接，因此当水轮机的转子在水流的推动下旋转时，水流同样驱动发电机的转子转动。发电机的转子内装有电磁铁和导线，旋转过程中在导线和磁场的相互作用下产生电流，这样机械能就被转换成电能。做完功的水将通过尾水管排到下游，排出的水可以继续在河流中流动，参与生态循环或在下游的其他水电厂再次利用。

3. 水力发电厂的特点

（1）运行和管理的简便性。水力发电的过程本质上比较简单，主要是利用水的势能转换为机械能，再转换为电能。这个过程不涉及复杂的化学变化或高温高压环境，技术成熟且操作直观。因此，水力发电厂在日常运营中需要的人员较少，这降低了人力成本并降低了操作错误的可能性。更重要的是，水力发电厂的运行易于实现自动化。利用现代自动控制技术，可以实时监控水流情况、发电效率和电站安全，自动调整水轮机的运行状态以应对电网需求的变化。这种自动化程度不仅提高了发电效率，还确保了系统的稳定和安全，尤其在无人值守或偏远地区的电站运营中表现突出。

（2）低成本和无燃料消耗。水资源作为一种可从自然界免费获得的资源，在没有蒸发或透支的情况下，可以说是一种几乎无成本的能源。因此，水力发电的边际成本非常低，主要的经济投入集中在初期的建设和后期的维护上。与依赖燃煤、天然气或核能的发电方式相比，水力发电在运行阶段几乎不产生额外费用，这使得水电厂可以提供更低成本的电能。此外，水电的这一特性使其在全球推广可再生能源的大背景下，尤其是在追求能源成本最小化的地区和国家中，具有极强的竞争力。

（3）高效率和灵活性。水轮机和发电机的设计使得水力发电可以在很宽的流量和水头变化范围内有效运行，机组启动和停机都非常迅速。这种快速响应能力使得水电厂可以在电网负载出现剧烈波动时，迅速调整输出，提供电网所需的调峰服务。在电网发生故障或其他电源突然中断时，水电厂可以快速启动，稳定电网，减轻故障带来的影响。

（4）多功能性和环境效益。水电厂在建设时往往能够兼顾多种水资源管理和利用功能，如防洪、灌溉、航运和水产品养殖等。这种多功能性使得水电厂项目能够带来多方面的社会和经济效益。例如，大坝的建设可以有效控制洪水，保护下游地区的安全；水库的形成可以调节区域水资源，为农业灌溉提供稳定水源；同时，大坝和水库还可以发展成为内陆航运的通道，促进区域经济的发展。此外，水电厂的运行不涉及燃烧过程，不会产生温室气体和排放其他污染物，水电是一种真正的绿色能源。因此，水力发电在全球能源转型和气候变化应对中扮演着至关重要的角色。

水力发电厂虽然具有许多环境和经济上的优势，但也存在一些明显的挑战。首先，建设水电厂通常需要大规模的水工建筑物，如大坝和水库，这不仅需要巨额的初期投资，而且工程建设周期长、复杂度高。其次，建造大坝往往涉及大面积土地的淹没，这直接影响当地的农业生产和居民生活，可能需要进行人口迁移和生态补偿，引起社会和经济问题。此外，水电厂的发电能力受到气象和水文条件的强烈影响。在丰水期，水电厂发电量一般较高，但在枯水期可能因为水位下降而大幅减少。这种季节性和年际变化的波动给电网的稳定运行和电力供应的可靠性带来了挑战。

（三）核能发电厂

1. 核能发电厂的组成

核能发电厂（简称核电厂）是利用核反应过程中释放的巨大能量来产生电力的设施，它主要由两个基本部分组成：核系统部分和常规部分。

核系统部分是核能发电厂中最核心的组成,其关键设施是反应堆,这是一个高度复杂和精密的设备,用于维持和控制核裂变的链式反应。反应堆内部主要由几个关键组件构成:核燃料、慢化剂、冷却剂、控制调节系统、应急保安系统、反射体和防护层。核燃料通常是浓缩的铀或钚,是反应堆的能量源。慢化剂如重水或石墨,其功能是减缓中子速度,使其更有效地与核燃料发生反应。冷却剂如水或气体,负责将核反应过程中产生的热量从反应堆核心带走,传递到蒸汽发生器或直接用于产生蒸汽。控制调节系统通过控制棒的插入和提取来调节核反应的速率,确保反应的稳定性。应急保安系统包括一系列安全措施,如安全壳、冷却系统和控制系统,以防核事故发生。反射体用于反射逸出的中子回到反应区,增加链式反应的效率,而防护层则是防止辐射泄漏,保护环境和人员安全的重要屏障。全球范围内,轻水堆是最常见的核反应堆类型,包括沸水堆和压水堆两种。沸水堆直接在反应堆中产生蒸汽,而压水堆则使用一个隔离的二次回路来产生蒸汽,这增加了安全性,因为反应堆中的放射性物质不直接接触到涡轮机和其他机械部件。

常规部分则包括汽轮机、发电机及其附属设备,这一部分的工作原理与传统的火力发电厂类似。核反应堆产生的热量通过冷却剂传递到热交换器,将水加热成蒸汽。这些高温高压的蒸汽驱动汽轮机旋转,汽轮机再通过机械连接带动发电机转动,从而将机械能转换为电能。发电机产生的电力通过变压器和输电线路送到用户那里。发电过程中,用过的蒸汽会被冷凝回水,再次循环使用。

2. 核能发电厂的特点

(1)高能量密度。与化石燃料相比,核燃料如铀的能量含量要高出数百万倍。这意味着相同重量的核燃料可以产生远超煤炭、石油等传统燃料的能量,从而大大减少了对燃料的需求量和运输压力。因此,核电厂在占地面积和燃料消耗上更具优势,特别是在资源有限或对环境保护要求高的地区。

(2)稳定的电力供应。核电的发电量不受气候影响,能够全天候稳定运行,除非进行计划性的维护或遇到技术故障。这种稳定性使得核电成为电网中重要的基础负荷电源,有助于平衡电网的供需,保证电力系统的稳定性。

(3)低温室气体排放。从整体生命周期来看,核能发电的温室气体排放相比燃煤或燃气发电站要低得多。核电厂在正常运行过程中几乎不产生二氧化碳,这对于减缓气候变化和达成国际碳减排目标具有重要意义。

二、输电网

输电网是电力系统中专门用于传输电能的部分,其主要功能是将发电厂产生的电能从能源密集区域(电源区域)输送到负荷密集区域(负荷区域,即电力需求较高的地区)。由于输电网通常需要进行远距离、大容量的电力传输,为了减少传输过程中的成本,输电网需要采用较高的电压等级。目前,在我国通常采用220 kV及以上的电压等级进行输电。

输电网主要由变电站、输电线路、控制设备组成。

(一)变电站

变电站是电力系统中变换电压、接受和分配电能、控制电力流向和调整电压的电气设施。在电力系统中变电站是输电和配电的集结点。

1.变电站的分类

变电站可以按照多种标准进行分类,不同的分类标准反映了变电站的不同功能、结构特点和使用环境。以下是几种常见的分类方式。

第一,变电站根据其在电力系统中的功能不同,可以分为以下3类。①升压变电站:位于发电厂附近,主要功能是将发电厂产生的电压提升至高压或超高压,以减少输电过程中的能量损失。②降压变电站:位于用电区域附近,其主要任务是将高压电力降至较低的电压级别,供给商业和住宅区域或工厂使用。③联络变电站:用于连接两个或多个电压等级不同的电网系统,实现电能的交换和传输。

第二,变电站按照其结构的不同,可分为以下3种。①室内变电站:所有设备均设在室内,一般用于城市或工业区域,占地面积较小。②室外变电站:设备布置在室外,通常适用于郊区或电压等级较高的变电站。③箱式变电站(也称为箱变):一种紧凑型变电设备,多用于城市街区,具有占地面积小和部署速度快的优点。

第三,按照变电站在电力系统中的地位和作用,变电站可以分为以下5种。①枢纽变电站:枢纽变电站通常位于电网的核心位置,电压等级一般为330 kV以上。其主要任务是连接多条高压或超高压输电线路,实现大区域电力的调度和分配。枢纽变电站通常具备较大的变压容量和复杂的接线模式,能够进行跨区域电力转输,支持电网的稳定运行,并在电网故障时提供必要的电力支持和隔离功能。②中间变电站:中间变电站主要位于电力系统主干环行线路或系统主要干线的接口处,电压等级一般为220～330 kV,其基本功能是连接长距离输电线路与区域分配网。这类变电站主要负责调整传输电压,优化电能流向,减少输电损失。中间变电站有时也起到联络变电站的作用,连接两个或多个不同电压等级的电网,确保电能在不同系统间的有效分配。③区域变电站:区域变电站服务于某一特定的地理或行政区域,负责该区域内的电力分配,其电压等级一般为220 kV。它将高压电力转换为适合地区配电网使用的中低压电力。这类变电站直接关系区域内居民和商业用户的电力供应,是连接高压输电系统与地方配电网的关键节点。④企业变电站:企业变电站通常建设在大型工业企业内部或附近,专门为单一企业或工业园区提供电力服务,其电压等级为35～220 kV。这类变电站根据企业的具体用电需求设计,确保企业生产所需的各种电力需求得到满足,同时也能实现能效管理和成本控制。⑤末端变电站:末端变电站也称为用户变电站,是电力系统中最接近最终用户的变电设施。这类变电站负责将区域分电网中的电压进一步降低,直接供应给住宅区、商业建筑或小型工业用户。末端变电站规模相对较小,但对于确保电力质量和可靠性至关重要。

2.变电站的功能

(1)电压转换。在电力系统中,电能通常在发电站产生后以高电压形式传输,这样可以有效减少输电过程中的能量损失。当电能接近使用地点时，需要通过变电站降低电压至一个更适合工业、商业或家庭使用的水平。例如，从数十千伏特或数百千伏特高电压降至城市配电的 10 kV 甚至更低。这一过程主要通过变电站内的变压器来完成。

（2）电能分配。变电站还负责电能的分配，确保电力按需供给到各个区域和用户。这包括对进入变电站的电能进行分路，通过开关设备和配电装置将电力引向多个方向，满足不同用户和区域的电力需求。

（3）系统连接。变电站连接着不同的电力线路和电网，使得电力资源能够灵活地从一个区域输送到另一个区域，甚至跨区域调配电力资源。在电网需求剧烈波动或某个区域发生故障时，变电站可以通过调整电网连接和控制设备的设置，迅速响应，调整电力供应方向和量，从而确保整个电网的稳定。

（4）电网保护与控制。通过各种保护装置和控制系统，变电站可以监测电网中的电流、电压等参数，及时发现电路异常，如过载、短路等，自动触发保护机制，断开故障电路，防止故障扩大和事故发生。同时，变电站的控制系统能够对电网进行实时监控和调度，优化电网的运行状态，提高电网的运行效率和可靠性。

3. 变电站的主要设备

（1）变压器。变压器主要用于改变电压的大小，以满足电力输送和分配的需要。通过电磁感应原理，变压器能够将交流电的电压从一个级别转换到另一个级别，同时基本保持功率不变，这使得电能可以在损失极少的情况下进行有效传输。

变压器的基本结构包括初级绕组和次级绕组，这两部分绕组通过铁心（磁芯）相互耦合。铁心通常由高磁导率的材料制成，如硅钢片，这些硅钢片层叠在一起以减少涡流损失。变压器工作时，交流电源接入初级绕组，产生交变磁场。交变磁场通过铁心传导至次级绕组，激发出感应电动势，从而在次级绕组中产生交变电流。电压的变化比例取决于初级绕组和次级绕组的圈数比，即变压比。

变压器的分类标准有很多。按绝缘和冷却方式分类，变压器可分为干式变压器和油浸式变压器。干式变压器使用空气作为冷却和绝缘介质，维护简单，广泛应用于商业建筑、住宅和轻工业环境中。油浸式变压器使用绝缘油来冷却和绝缘，适用于高功率应用环境，如电力公司和大型工业设施。按相数分类，变压器可分为单相变压器和三相变压器。三相变压器用于较低电力需求的场所，如住宅和小型商业设施，通常用于分布较小电负荷。三相变压器用于较高电力需求的环境，如工厂和大型商业建筑，能够更有效地传输和分配电力。按绕组连接方式分类，变压器可分为星形连接变压器和三角形连接变压器。星形连接变压器绕组以星形方式连接，常见于三相变压器。三角形连接变压器绕组以三角形方式连接，用于需要相位角转换的应用环境。按调压方式分类，变压器可分为有载调压变压器和无载调压变压器。有载调压变压器可以在不停电的情况下调整电压级别，适用于需要频繁调整输出电压的场合。无载调压变压器只能在停电时调整绕组的连接方式来改变电压级别。

（2）电流互感器。电流互感器主要用于测量交流电路中的大电流，并将其转换成对应的较小、可管理的电流，以便仪表、计量设备或保护继电器能够安全地处理。

电流互感器的工作原理基于法拉第电磁感应定律。当电流互感器被安装在高电流电路中时，它通过其主绕组感应电流的变化，产生磁场。这个磁场随后在次级绕组中感应出一个比例减小的电流。由于次级绕组的电流值较小，它可以被标准的测量设备安全地读取和处理。在变电站中，电流互感器的主要作用是进行电力系统的计量，用于能源计费和交易。

（3）电压互感器。电压互感器也称为势位变压器，其基本构造与普通的变压器类似，通过磁性铁心和初级绕组与次级绕组的相互作用，按照设定的比例降低电压。在变电站中，电压互感器通常用于监测系统电压，为保护继电器、自动调节设备及其他监控系统提供准确的电压读数。电压互感器的精度非常关键，因为电压的轻微变化可能会对整个电力系统的性能产生重大影响。此外，它们还用于保证电网质量，帮助维护电网频率和相位的稳定性，并对电网中的不平衡负载进行调整和补偿。

（4）开关设备。开关设备在变电站中起到控制电流流向、保护电网安全和进行电路隔离的作用。变电站中常见的开关设备有以下几种：①断路器。断路器的基本功能是在电路发生故障时（如过载、短路等）自动切断电源，从而保护电网的其他部分不受损害。现代断路器利用多种技术来实现快速断流，如使用SF6气体、真空或油作为灭弧介质。这些技术帮助快速隔离故障，最小化系统中的故障影响。②隔离开关。与断路器不同，隔离开关不能在负载条件下操作，它不具备断流能力。隔离开关的主要用途是在维修工作进行时提供一个明确的安全隔断点，确保所有系统维护人员的安全。隔离开关通常位于变电站较明显的位置，以便操作者能够清楚地看到开关的状态。在一些设计中，隔离开关与断路器相结合，提供一体化的安全和操作功能。③负荷开关。负荷开关是一种能在载流状态下操作的开关设备，用于开启或关闭电流而不引起系统不稳定或电弧损伤。它可以快速切断电流，但不适用于处理大规模短路故障。负荷开关的应用提高了电力系统操作的灵活性和效率，尤其是在不需要高断流容量的场景中，如变电站的次级侧或低压配电系统。④高压熔断器。高压熔断器用于保护变电站中的设备免受过载或短路造成的损害。当通过熔断器的电流超过其额定容量时，熔丝会熔化，从而切断电路，防止故障扩散。熔断器是一次性保护设备，熔断后需要更换。

（5）防雷设备。防雷设备用于保护变电站及其运行设备免受雷电及其引发的过电压的影响。主要的防雷设备包括避雷针和避雷器。

避雷针（也称为避雷杆或闪电棒）是一种较为传统的防雷设备，主要用于保护建筑物免受直接雷击。避雷针通常安装在变电站的最高点，如建筑物的顶部或其他突出的位置。它们通过提供一个最优点来吸引雷电，然后通过避雷针的尖端直接导入地面，安全地将雷电电流引导至地下的接地系统。避雷针的设计确保了即使在雷电直击的极端情况下，也能有效地保护变电站的主要设施和设备不受损坏。避雷器（也称为浪涌保护器或电涌保护器）是一种更为复杂的防雷设备，用于保护电气设备免受雷电引起的过电压和电涌损害。避雷器通过在电路中安装非常快速响应的电气保护元件来工作，这些元件能在毫秒级别内检测到过高的电压并立即将其分流至地线，从而避免过高电压通过电力系统传输至其他设备。避雷器通常安装在变电站的入口处或靠近敏感设备，如变压器和控制系统。

（二）输电线路

输电线路是电力系统中从发电厂将电能传输到变电站的设施，由输电导线、杆塔、绝缘子和必要的支撑及保护设备组成。输电线路能够跨越大范围地理区域，通过空气作为绝缘介质，以高电压形式传输电力，有效减少能量在传输过程中的损失。

按电力线路的结构可将输电线路分为架空输电线路和地下电缆。

1. 架空输电线路

架空输电线路是指利用架设在空中的导线进行电能传输的一种输电线路，通常通过电线杆、铁塔等支撑结构，将导线悬挂在高空，形成一条稳定的电力传输路径。

架空输电线路具有3个优点。一是建设成本低。相较于地下电缆，架空输电线路的建设成本较低，主要因为不需要进行大规模的土建和挖掘工作。材料方面，架空导线也比地下电缆便宜。二是维护方便。架空输电线路暴露在空中，故障点易于发现和修复，维护相对简单和快速，这对电力供应的连续性和可靠性具有重要意义。三是传输容量大。架空输电线路可以传输大容量电能，适合用于输送发电厂到负荷中心的大量电力，其高电压等级有助于减少传输过程中的电能损耗。

架空输电线路广泛应用于城乡电网建设和长距离电力传输。它特别适合于地形相对平坦、土地资源丰富的区域，如农村、郊区和跨区域的电力输送。同时，在经济和技术条件允许的情况下，架空输电线路仍然是大多数输电工程的首选。

2. 地下电缆

地下电缆是指埋设在地下的电力输电线路，通常通过专用的电缆隧道或管道进行保护。

地下电缆具有以下优点：①环境友好。地下电缆对环境和景观的影响较小，不会破坏自然景观，也不会对土地使用造成明显障碍，适合城市、景区等环境敏感地区。②安全性高。地下电缆不易受到外界机械损伤和自然灾害（如风暴、雷击等）的影响，故障率相对较低，可靠性高。地下电缆在地震中也表现出较好的稳定性。③节约空间。地下电缆埋设在地下，不占用地面空间，这对于土地资源紧张的城市区域尤为重要。地下电缆的布线更为灵活，适应复杂的城市布局。

（三）控制设备

控制设备包括各种保护装置、开关设备和调度系统，用于监控和控制输电网络的运行，确保电力的稳定和可靠供应。

三、配电网

配电网也称配电系统，负责将输电网输送来的电能分配到各个终端用户，如工业用户、商业用户和居民用户等。它位于电力传输的最后一环，直接与用户连接，确保电力的安全、可靠和高效供应。

（一）配电网的分类

根据电压等级的不同，可将配电网分为高压配电网、中压配电网和低压配电网。

1.高压配电网

高压配电网是由高压配电线路和相应等级的配电变电站组成的配电系统，主要功能是向高压用户提供电能，或通过变压器为下一级中压配电网提供电源。高压配电网通常包括 110 kV、63 kV 和 35 kV 3 个电压等级，其中城市配电网一般采用 110 kV 作为高压配电电压。其特点是容量大、负荷重、负荷节点少、供电可靠性要求高。

2.中压配电网

中压配电网是由中压配电线路和配电变电站组成的配电系统，其电压等级包括 20 kV、10 kV 及 6.3 kV。中压配电网的主要功能是从输电网或高压配电网接收电能，向中压用户供电，或者向用户用电小区负荷中心的配电变电站供电，再经过降压后向下一级低压配电网提供电源。中压配电网具有供电面广、容量大、配电点多等特点。

3. 低压配电网

低压配电网是由低压配电线路及其附属电气设备组成的配电系统，负责向最终用户提供电能。其电压等级通常为 0.38 kV 和 0.22 kV。在低压配电网中，电能通过中压配电网的配电变压器转换后，通过低压配电线路直接输送到用户手中。低压配电网具有供电距离较近、低压电源点较多的特点。通常，一台配电变压器可以作为一个低压配电网的电源，两台电源点之间的距离通常不超过几百米。这种布局不仅确保了电力的高效传输和可靠供应，还能够灵活应对不同用户的用电需求。此外，低压配电线路的供电容量相对较小，但其覆盖面非常广泛。除了一些集中用电的用户外，低压配电网还大量供应城乡居民生活用电和分散的街道照明用电等。

（二）配电网的组成

配电网主要由配电变电站和配电线路组成。

1. 配电变电站

配电变电站是配电网中的核心枢纽，负责将来自高压配电网或输电网的电能转换为适合用户使用的中低压电能。配电变电站的主要设备包括变压器、开关设备、保护装置和监控系统。

2. 配电线路

配电线路是将电能从配电变电站传输到终端用户的通道，分为高压配电线路、中压配电线路和低压配电线路。配电线路的设计和建设直接影响电力的传输效率和供电质量。

(三)配电网的结构类型

1. 放射式结构

放射式结构是最简单的一种配电网结构,在这种结构中,电能只能通过单一路径从电源点送至用电点。放射式结构类似于树状结构,电源点位于树干,电力从树干分支(配电线路)送至各个用电点(树枝和树叶)。

这种结构的配电网具有以下3个优点。①简单易维护:放射式结构设计和维护都比较简单,故障点容易定位和修复。②建设成本低:由于电力路径单一,线路布设简单,建设成本相对较低。③便于管理:由于线路单一,管理和调度相对简单,适用于负荷较小且分布较为均匀的区域。

放射式结构适用于农村、城镇和负荷较为分散的地区。

2. 网式结构

网式结构的特点是电能可以通过多个路径从电源点送至用电点,提高了供电的可靠性和灵活性。根据不同的设计方式,网式结构可以进一步分为多回路式、环式和网络式3种。

(1)多回路式结构。多回路式结构采用多条独立的电力线路从电源点通往用电点。每条线路独立工作,但彼此之间可以通过开关设备连接。其优点在于:第一,供电可靠性高。多个独立的电力线路提供冗余度,任何一条线路出现故障时,可以通过其他线路继续供电。第二,维护方便。线路独立,维护时可以隔离故障线路进行修复,不影响其他线路的正常运行。

多回路式结构适用于负荷密集、供电可靠性要求高的区域,如城市核心区和重要工业区。

(2)环式结构。环式结构采用环形布置的电力线路,电源点和用电点通过环路相连。每个用电点可以通过环路的任一方向获得电能。环形结构提供了冗余路径,任何一点发生故障,电力可以通过另一方向继续供电,适用于负荷集中、供电可靠性要求高的城市区域和大型工业园区。

(3)网络式结构。网络式结构是最复杂的网式结构,电力线路形成一个多节点、多路径的网络,电能可以通过多个路径在网络中传输。网络结构提供了最多的冗余路径,任何一条线路故障都不会影响整个系统的供电,适用于供电可靠性要求最高的区域,如大城市核心区、大型工业园区和重要基础设施区域。

(四)配电网的特点

第一,供电范围广泛。配电网覆盖的供电范围非常广泛,从城市到农村,从工业区到居民区,几乎所有需要电力的地方都依赖配电网。它不仅要满足大城市的高密度负荷需求,还要适应农村和偏远地区的分散用电需求。这种广泛的覆盖范围要求配电网具有灵活性和适应性,以应对不同地区和不同用户的用电特点和需求。

第二,负荷类型多样。配电网服务的用户类型多种多样,包括居民用户、商业用户、小型和中型工业用户、公共设施和街道照明等。每种用户类型的用电特性和需求各不相同,居民用户的用电具有周期性波动,商业用户的用电相对稳定,而工业用户的用电需求通常较大且负荷变化频繁。配电网必须能够灵活调节和管理这些多样化的负荷,确保稳定可靠的电力供应。

第三,供电可靠性要求高。由于配电网直接面对终端用户,其供电可靠性对于用户体验至关重要。任何停电或电力质量问题都会直接影响用户的正常生活和生产活动。因此,配电网的设计和运行必须高度重视供电可靠性,通过冗余设计、自动化设备和快速故障处理等措施,最大限度地减少停电时间和缩小停电范围,确保连续稳定的电力供应。

四、电力用户

电力系统的用户也称为用电负荷,是电力系统的终端需求部分,其用电需求和特性直接影响电力系统的运行和管理。根据用户的性质和用电需求,电力用户可以分为工业用户、农业用户、公共事业用户和人民生活用户等。这些用户群体在电力系统中占据重要位置,决定了电力系统的规划、设计和运营策略。

根据用户对供电可靠性的不同要求，我国将用电负荷分为三级：一级负荷、二级负荷和三级负荷。每一级负荷对供电的可靠性和连续性要求不同，反映了用户在电力供应中的优先级。

（一）一级负荷

一级负荷包括那些对供电中断有极高敏感性的用户。中断供电会导致严重后果，如人身伤亡事故或工业生产中关键设备的不可修复损坏，导致生产秩序长期不能恢复正常，造成巨大的国民经济损失。此外，市政生活中的重要部门，如医院、交通控制中心、消防系统和供水设施等，供电中断会造成混乱甚至危机。因此，一级负荷的用户需要最高级别的供电可靠性和冗余设计，通常采用双电源供电或自备应急电源，确保在任何情况下都能获得连续、可靠的电力供应。

（二）二级负荷

二级负荷包括那些中断供电将引起大量减产、造成较大经济损失的用户，如中型工业企业和商业用户。供电中断不仅会影响生产效率，还会对企业的经济效益产生重大影响。此外，大量居民用户的正常生活也属于二级负荷范畴，如大型居民社区的供电中断，会影响到居民的基本生活需求和社会稳定。虽然二级负荷的供电可靠性要求高于三级负荷，但低于一级负荷，通常需要一定程度的备用电源或快速恢复机制，以减少停电对用户的影响。

（三）三级负荷

三级负荷包括那些短时供电中断不会造成重大损失的用户。这类用户对供电的连续性要求相对较低，如一般的居民用户、小型商业用户和农业用户。对于这类负荷，短时的供电中断不会对生活或生产造成重大影响，通常可以通过简单的备用电源或临时措施加以应对。三级负荷的电力供应策略主要以经济性和灵活性为主，供电系统设计时可以适当降低冗余度，减少投资和运行成本。

第二节 电力系统的特点和要求

一、电力系统的特点

电力系统与其他工业系统相比,具有以下特点。

(一)电能生产、输送、分配和消费的连续性

由于电能无法大量且廉价地储存,电能从生产到消费的整个过程必须同时进行。发电、输电、变电、配电和用电各环节相互紧密联系,形成一个连续的运行链条。如果其中任何一个环节出现故障,都会对整个电力系统的运行产生影响。发电环节需要实时根据用电需求调整输出,以确保电力供应与用户需求匹配。输电环节则需要将高压电能稳定地传输到变电站,任何线路故障都会导致电力传输中断,影响下游供电。变电环节负责电压转换和分配电能,变电站设备的任何问题都会造成电力传输效率下降或电能质量降低。配电环节将电能进一步分配到各个终端用户,如果配电网络不稳定或设备老化,同样会影响供电可靠性。最终的用电环节,用户端的需求波动也会反作用于电力系统,需要系统调度灵活应对。由于电能生产和消费的瞬时性,各环节的运行需要高度协调和同步,任何环节的故障或不稳定都可能引发连锁反应,影响整个电力系统的正常运行。

(二)暂态过程极为迅速

暂态过程是指电力系统在开关操作、故障发生或负荷变化等情况下,从一种稳定状态过渡到另一种稳定状态的过程。在电力系统中,这种过渡过程往往只需要几微秒到几毫秒。这种快速响应的特性意味着电力系统必须在极短时间内应对突发事件并恢复稳定运行。任何突发故障,如短路或设备故障,如果处理不当,可能在几秒到几分钟内导致一系列连锁反应,

最终可能引发整个系统的崩溃。

在电力系统的日常运行中,电压和电流的突变会引发暂态现象,这些现象如果未能及时控制,可能引起设备损坏、系统振荡甚至大规模停电。特别是在发生故障时,系统中的电流和电压会迅速变化,可能产生高电流冲击和电压波动,对电力设备和线路造成严重影响。为了防止暂态过程引发严重后果,电力系统中必须进行精确的暂态分析。暂态分析是研究电力系统在突发事件发生时的动态行为,通过模拟和计算,预测系统在各种暂态情况下的响应和变化。暂态分析的结果用于设计和优化电力系统的保护和控制策略,确保在故障发生时,系统能够迅速响应,隔离故障区域,恢复正常运行。

(三)与国民经济各部门密切相关

电力系统与国民经济的各个部门有着密切的关系,因为电能作为一种极为便利的能源,广泛应用于工业、商业、农业和日常生活的各个方面。电能的优点在于可以高效、经济地进行大规模生产,并通过远距离输电网络输送到不同区域。同时,电能的灵活性使其能够轻松转换成其他形式的能量,如机械能、热能和光能,满足各种不同的使用需求。因此,电力系统的稳定运行对于维持国民经济的正常运转至关重要。

在工业领域,电力驱动着各种机械设备的运转和保障生产线的正常运行,从重工业的冶炼、加工到轻工业的纺织、食品加工,电力都是生产活动的核心。如果电力供应中断,生产线将停滞不前,导致生产效率大幅下降,经济损失巨大。许多现代化的工业过程还依赖高度自动化和精确控制的电力系统,任何电力故障都会导致设备损坏和生产秩序的严重混乱。在商业领域,商场、办公楼、服务行业等对电力的依赖程度也非常高。无论是照明、空调还是各种电器设备,都是日常运营不可或缺的一部分。电力中断不仅会影响商业活动的正常进行,还可能导致客户流失和商誉受损。特别是在信息技术高度发达的今天,各类电子商务、金融交易和数据中心的运行更是依赖于不间断的电力供应,任何停电事故都会带来难以估量的经济损失。农业生产同样离不开电力,从农田灌溉、畜牧养殖,到粮食加工、冷藏储存，电力的应用贯穿于农业生产的各个环节。电力供应的中断不仅会影响农作物的生长和畜禽的饲养，还可能导致农产品产量的损失，进而影响农民的收入和农产品的市场供应。在日常生活中，电力是居民生活质量的重要保障。家用电器、通信设备、取暖制冷、照明和娱乐设施等，都依赖于电力供应。电力的中断会对居民生活带来极大不便，影响日常作息和健康安全。尤其在城市化高度发展的今天，电力已经成为现代生活的基础设施，其重要性不言而喻。

因此，电力系统的正常运行不仅是维持国民经济平稳发展的关键，也是保障人民生活质量和社会稳定的基础。如果电力系统无法正常运行，国民经济各部门的活动将受到严重影响，造成难以估量的经济损失和社会影响。

（四）对电能质量的要求极高

电能质量主要包括频率稳定性、供电电压的稳定性和电压波形的纯净度。我国电力系统的额定频率为 50 Hz，当实际频率与额定频率的偏差过大时，可能会引发工业生产减产、设备损坏，甚至导致系统频率崩溃。频率偏差会影响发电机组和电动机的运行效率和寿命，对精密生产过程产生不利影响。供电电压的稳定性同样重要。供电电压的偏离如果过大，不仅会影响设备的正常运行，还可能导致设备过载或不足，从而损坏电气设备。过高的电压会使设备过热，减少使用寿命；过低的电压则可能使设备不能正常启动或运行，影响生产和生活。此外，电压波形的纯净度也是电能质量的重要指标。理想的电压波形应为标准的正弦波形，但实际电力系统中由于各种非线性负荷的存在，常常会产生谐波。谐波含量过高不仅会降低设备效率，增加电能损耗，还会引起设备的过热、振动和噪声，严重时甚至会损坏设备。谐波还会对通信系统造成干扰，影响信号的传输质量。电压闪变、电压凹陷和凸起、电压间断等现象也都是电能质量问题。电压闪变会导致灯光闪烁，影响视觉舒适度和工作环境的稳定性。电压凹陷和凸起则可能使设备误动作或停机，导致生产中断和经济损失。

二、电力系统的基本要求

电力系统的以上特点对其运行提出了严格的要求,具体如图1-1所示。

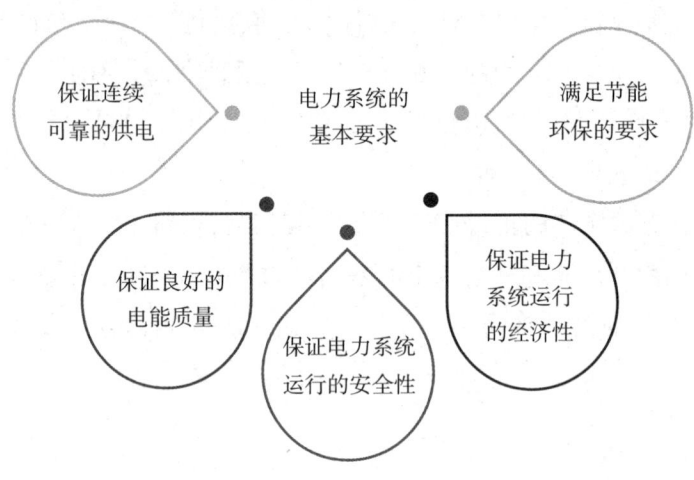

图1-1 电力系统的基本要求

(一)保证连续可靠的供电

供电的中断不仅会导致生产活动的停滞、生活秩序的混乱,还可能对设备和人身安全构成威胁,造成极其严重的后果。供电中断给国民经济带来的损失远远超过对电力系统本身造成的停电损失。因此,电力系统的运行必须首先满足连续可靠的供电需求,以确保经济社会的正常运转和人民生活的稳定。

保证连续可靠的供电主要体现在三个方面。第一,电力系统必须具备一定的备用容量。发电设备的容量不仅要满足当前的用电负荷,还必须留有足够的负荷备用、事故备用和检修备用。负荷备用是为了应对用电需求的波动和高峰时段的额外需求;事故备用则是为了应对突发的设备故障或线路故障,确保在部分设备出现故障时,系统仍能维持正常供电;检修备用则是为设备的定期维护和检修预留的容量,确保检修过程中不影响正常的供电。通过合理配置备用容量,电力系统能够在各种运行状态下保持稳定和可靠的供电。第二,电网结构要合理。电力系统的高压输电网通常采用环形网络结构，这种结构的优点在于，即使某一条输电线路因故障退出运行，各变电站仍能够通过其他线路继续供电。这种冗余设计大大提高了电网的可靠性，减少了单点故障对整个系统的影响。第三，对电力系统运行的监控和管理。电力系统的运行状况复杂多变，必须通过先进的监控和管理手段进行实时监测和控制。对电力系统在不同运行方式下各节点的电网参数进行分析计算，能够及时发现潜在的问题并采取相应的措施。稳态分析是电力系统监控的重要内容，通过对电压、电流、频率等参数的监测和分析，可以预测系统的运行状态，评估其稳定性和可靠性。一旦发现异常情况，调度中心必须迅速采取措施，如调整发电机组输出、切换线路、启动备用设备等，以确保系统的稳定运行。

（二）保证良好的电能质量

电能质量主要通过频率和电压两个基本指标来描述，同时还包括谐波含量、三相电压的不对称度、电压的闪变、暂时过电压和瞬态过电压等。

在电力系统中，各点的电压频率一般是统一的，这意味着各发电机的转子角速度等于电力系统的电压角频率，形成发电机同步并列运行。我国规定电力系统的额定频率为 50 Hz，在正常运行条件下，频率偏差的限值为 ±0.2 Hz。当电网容量较小（装机容量小于 300 万 kW）时，允许的频率偏差可以放宽到 ±0.5 Hz。随着电力系统自动化水平的提高，频率的允许偏差范围将逐步缩小。频率的稳定性对于电力系统的整体运行至关重要，频率的波动可能导致发电设备和用户设备的效率降低，甚至引发设备损坏或系统崩溃。

在同一个电力系统中，各点的电压大小是不同的。我国一般规定各点的电压允许变化范围为该点额定电压的 ±5%。电压稳定性直接影响用户设备的运行情况，过高或过低的电压都会对电器设备产生不利影响，降低其使用寿命，甚至导致设备故障和停机。电压稳定性不仅关系电力系统的正常运行，也直接影响用户的电力体验和设备安全。

(三）保证电力系统运行的安全性

安全性是电力系统运行的基本要求。电力系统的安全性包括设备安全、人员安全和运行安全。

设备安全是电力系统安全性的基础。电力设备包括发电机、变压器、开关设备、输电线路和配电设施等，这些设备在运行过程中需要承受高电压、大电流及各种环境应力。如果设备出现故障，不仅会影响供电，还可能引发火灾、爆炸等重大事故。为了保障设备安全，必须采用高质量的设备材料和制造工艺，确保设备具有足够的强度和耐久性。此外，设备的定期维护和检修也是必不可少的，通过检测和预防性维修，可以及时发现和排除设备隐患，避免故障的发生。现代电力系统中，在线监测技术和状态检修技术的应用进一步提高了设备的安全性和可靠性。

人员安全是电力系统安全运行的重要保障。电力系统的运行和维护需要大量专业人员参与，这些人员在高电压、大电流的环境中工作，面临着触电、烧伤、机械伤害等各种风险。为了确保人员安全，必须严格执行安全操作规程和标准，提供必要的安全培训和教育，提高人员的安全意识和应急处理能力。防护装备的配备和使用也是保障人员安全的重要措施，包括绝缘工具、防护服、护目镜等。此外，应急预案的制定和定期演练也至关重要，在突发事件发生时，能够迅速、有效地采取措施，保护人员安全。

运行安全是电力系统整体安全性的体现。在实际运行中，电力系统需要应对负荷波动、设备故障、自然灾害等多种挑战。为了保障电力系统运行安全，一要建立完善的监控和调度体系，通过实时监控和数据分析，及时发现系统异常，并采取有效措施进行调整和控制。二要安装保护装置，如继电保护、自动重合闸、故障记录仪等，能够在系统出现故障时迅速检测并隔离故障区域，防止故障扩大和蔓延。继电保护装置通过监测电流、电压等参数，当检测到异常时，立即发出指令切断故障设备，保护系统的其他部分正常运行。自动重合闸装置则在短时间内尝试重新合闸，恢复供电，避免因瞬时故障导致的长时间停电。故障记录仪则记录系统的运行数据，帮助分析和处理故障，提高系统的运行安全性。三要制定和完善各项安全管理制度，包括设备管理制度、操作规程、安全检查制度等。通过严格的管理和监督，确保各项安全措施落实到位，杜绝违章操作和管理漏洞。四要加强安全文化的建设，通过安全文化的渗透，使每一位员工牢固树立安全意识，自觉遵守安全规范，形成人人重视安全、人人参与安全管理的良好氛围。

（四）保证电力系统运行的经济性

经济性指的是在保证电力供应可靠性和安全性的前提下，尽量降低电力生产和输送的成本。保证电力系统运行的经济性需要从发电、输电、配电到用电的各个环节进行优化，通过合理配置资源、提高效率、降低成本，实现电力系统的高效运行。

发电环节的经济性首先体现在发电成本的控制上。不同类型的发电方式成本差异显著，例如，火电的燃料成本较高，而水电和风电的运行成本相对较低。为了保证经济性，需要优化发电结构，合理调度不同发电机组，根据负荷需求和发电成本动态调整发电计划，最大限度地利用低成本发电资源。此外，提高发电设备的效率和利用率也是降低发电成本的重要途径，通过技术改造和设备升级，减少燃料消耗，提高发电效率，实现经济发电。输电环节的经济性主要体现在输电网络的规划和运行上。输电线路的建设和维护成本较高，因此在规划输电网络时，需要科学选址和合理布局，尽量减少线路长度和线路损耗，提高输电效率。同时，输电网的运行调度也需要经济优化，通过先进的调度算法和自动化控制系统，优化电力流向，减少输电损耗和电能浪费。此外，采用高效的输电技术和设备，如高压直流输电、超导输电等，也可以显著提高输电的经济性。配电环节的经济性涉及配电网络的设计和管理。配电网络的复杂性和分散性使其管理成本较高，需要通过优化配电网结构，合理配置变电站和配电线路，提高配电网络的经济性。此外，配电网络的维护和管理也需要经济化，通过状态监测和预防性维护，减少故障率和维修成本，延长设备使用寿命。用电环节的经济性体现在负荷管理和电能使用效率上。电力负荷的峰谷差异大，导致电力系统需要配置较高的备用容量，增加了运行成本。为了提高经济性，需要通过需求侧管理,鼓励用户在电力低谷时段用电,削峰填谷,平衡负荷分布,降低电力系统的备用容量和运行成本。提高用电设备的能效水平也是重要措施,通过推广高效节能设备和技术,减少电力消耗,提高电能利用效率,实现经济用电。

电力市场化改革也是保证电力系统经济性的关键。通过市场机制优化资源配置,实现电力的最优分配和使用。电力市场的竞争和价格机制能够增强发电企业和电力用户的成本意识,推动技术创新和管理优化,提高整个电力系统的经济效益。电力市场化改革包括发电侧市场、输配电价改革、售电侧市场等多个方面,需要全面推进和协调发展。

(五)满足节能环保的要求

随着全球环境问题的日益严重,节能环保已成为电力系统发展的重要方向。满足节能环保要求,既是电力行业可持续发展的需要,也是社会经济绿色转型的重要内容。具体来说,节能环保体现在以下几个方面:

第一,优化发电结构。传统的火力发电虽然占据了电力生产的主要份额,但其高排放、高污染的特性对环境造成了巨大压力。为了减少污染物排放,电力系统需要加快向清洁能源和可再生能源的转型。增加风电、太阳能、水电和核电等清洁能源的比例,可以显著降低温室气体和其他污染物的排放。与此同时,推动煤电机组的超低排放改造和提高燃煤电厂的能效水平,也是减少污染的重要途径。

第二,提高能源利用效率。通过技术创新和设备改造,提高发电、输电、配电和用电各环节的能效,可以减少能源消耗和废弃物排放。例如,采用高效发电技术,如联合循环发电和超临界/超超临界发电,可以提高热效率,减少燃料消耗和污染物排放。输电环节可以通过优化线路设计、采用高效输电技术(如高压直流输电和超导输电)来降低输电损耗。配电环节则可以通过智能电网技术实现更高效的电能管理和分配,进一步提升能源利用效率。在用电环节鼓励用户使用高效节能电器,推广节能照明和电动汽车等,显著减少电力消耗。进行需求侧管理,通过价格信号和政策引导,激励用户在用电高峰期降低用电量,平衡电力供需,减少备用容量和能源浪费。

第三,建立完善的环保管理体系,加强环境监测和污染控制。电力企业应当建立环保管理制度,配备先进的环保设施,确保污染物排放达标。加强对发电厂和电网运行的环境监测,及时发现和处理污染问题。政府应通过制定和实施严格的环保法规和标准,推动电力行业加快节能减排步伐。同时,通过经济激励政策,如补贴、税收减免和碳交易等,支持和鼓励清洁能源的发展和节能技术的推广。

第四,加强公众参与和社会监督。通过宣传教育,提高全社会的环保意识和节能意识,推动形成绿色低碳的生产生活方式。公众的广泛参与和社会的有效监督,可以促进电力企业和政府部门不断改进环保工作,推动电力系统向更绿色、更可持续的方向发展。

第三节 电力系统的运行与控制

一、电力系统的运行状态

电力系统的运行状态是电力系统在各种运行条件下的工作状况。为了有效管理电力系统的运行状态,确保系统的稳定性和安全性,电力系统的运行状态通常被划分为正常状态、警戒状态、紧急状态、崩溃状态和恢复状态。

在正常状态下,电力系统运行平稳,所有设备和线路均在额定条件下工作,电力供应能够满足所有负荷需求,电压和频率保持在规定范围内。系统具有较高的可靠性和稳定性,能够承受一定范围内的负荷波动和故障冲击。正常状态是电力系统最理想的运行状态,维持这一状态需要电力调度中心的科学调度和系统内各设备的良好运行。

警戒状态是指电力系统面临潜在风险,但系统仍在可控范围内运行的状态。此时,系统可能面临负荷过高、发电机组出力接近极限、某些关键设备或线路出现异常等情况。虽然系统运行尚未出现严重问题,但若不及时采取措施，可能会导致运行状态恶化。电力调度人员在警戒状态下需要密切监控系统运行情况，调整负荷分配，加强设备巡检和维护，以防止系统进一步恶化。

紧急状态是电力系统出现严重故障或异常情况时的运行状态，如重大设备故障、线路跳闸、大规模负荷骤增等。此时，电力供应无法完全满足需求，系统运行超出安全边界，可能出现电压、频率剧烈波动，甚至局部电网失电。应对紧急状态，电力调度中心必须迅速采取应急措施，如启动备用电源、切除部分负荷、调整电力流向等，尽量恢复系统稳定。

崩溃状态是指电力系统无法维持正常运行，出现大面积停电或电网崩溃的状态。系统失去稳定性，电压和频率大幅偏离正常值，大量设备跳闸停运，供电区域广泛受影响。崩溃状态是电力系统最严重的运行状态，对社会经济和居民生活造成极大影响。面对崩溃状态，电力调度中心和相关部门需要协同工作，迅速评估故障原因，制订详细的恢复方案，并逐步恢复系统运行。恢复过程可能需要数小时甚至数天，期间需要做好信息通报和社会稳定工作。

恢复状态是指在崩溃或紧急状态后，电力系统逐步恢复正常运行的过程。恢复状态的首要任务是安全有序地恢复电力供应，防止二次故障发生。恢复过程中，电力调度中心需要协调发电厂、变电站和配电网，分阶段恢复供电，逐步恢复系统的稳定性和正常运行。恢复状态不仅要求技术上的操作，还需要良好的管理和协调，确保恢复工作的高效和安全。

二、电力系统的安全控制

电力系统的安全控制是确保电力系统稳定、可靠运行的重要手段，其核心目的是通过各种控制措施，使系统尽可能保持在正常运行状态，避免和应对各种可能的运行异常或故障。电力系统安全控制涉及预防性控制、校正控制、稳定控制、紧急控制及恢复控制等。

在正常运行状态下，电力系统的调度人员通过制订详细的运行计划和运用先进的计算机监控系统，实时收集和处理电力系统的运行信息，在线安全监视和安全分析等,使系统处于最优的正常运行状态。同时,在正常运行时,确定各项预防性控制,以对可能出现的紧急状态提高处理能力。

当电力系统面临负荷变化、设备故障或其他异常情况时,校正控制和稳定控制措施能够有效应对这些挑战。校正控制主要通过调整系统运行参数,如发电机出力和负荷分布,来恢复系统的稳定运行。稳定控制则包括各种稳定装置和技术手段,如自动电压调节器(AVR)、功角稳定器(PSS)等,确保系统在遭遇扰动时,能够迅速恢复稳定状态,防止故障扩大。紧急控制是电力系统在遭遇严重故障或运行异常时采取的关键措施。控制手段包括继电保护装置的快速动作和各种稳定控制装置的协调工作。继电保护装置在检测到故障时,能够迅速切除故障部分,防止事故扩大,确保剩余系统的安全运行。同时,各种稳定控制装置,如发电机调频调压装置、无功补偿装置等,通过迅速调整系统参数,恢复系统的平衡状态。恢复控制是指在系统发生故障或异常后,通过一系列协调控制措施,将系统逐步恢复到正常运行状态,包括故障隔离、系统重构、负荷恢复等。在恢复控制过程中,调度人员需要密切监视系统运行状态,逐步恢复发电机组和负荷的运行,确保系统在恢复过程中保持稳定和安全。

电力系统的安全控制按其功能可分为以下3类。

(一)提高系统稳定性的措施

提高电力系统稳定性的措施主要包括快速励磁、电力系统稳定器、电气制动、快关汽机和切机、串联补偿、静止无功补偿(SVC)、超导电磁蓄能和直流调制等。这些措施的核心目标是增强系统在受到扰动时的恢复能力,防止系统失稳。快速励磁装置通过迅速调节发电机的励磁电流,提高发电机的电压支撑能力,增强系统的动态稳定性。PSS通过调节发电机的功角,抑制功率振荡,进一步提高系统的稳定性。电气制动和快关汽机技术用于快速降低发电机的输出功率,在系统负荷突然下降时,避免过度发电导致系统频率升高。串联补偿和静止无功补偿则通过调节线路的无功功率,提高电压稳定性和输电能力。超导电磁蓄能技术利用超导体的高效能量储存和释放能力,提供快速的电力支撑,直流调制技术则用于调节高压直流输电系统的功率流向,增强系统的抗扰动能力。这些措施共同作用,显著提高了电力系统的整体稳定性,确保系统在各种运行条件下能够安全、可靠地运行。

(二) 维持系统频率的措施

维持系统频率稳定是电力系统运行的关键任务之一,涉及低频和高频的多种控制措施。低频减负荷措施是在系统频率下降至一定水平时,通过自动切除部分负荷,减轻系统的负担,防止频率进一步下降。低频降电压措施通过降低系统电压,减少电力负荷,提高频率恢复的可能性。低频自启动和抽水蓄能机组低频抽水改发电技术用于在频率低于正常水平时,自动启动备用发电机组或转换抽水蓄能机组的运行模式,增加发电能力,恢复系统频率。高频情况下,采取高频切机和高频减出力等措施,通过减少发电机出力,降低系统频率至正常范围。频率控制措施通过灵活调整系统的发电和负荷,确保系统频率在稳定范围内运行,避免频率偏差对电力系统设备和用户造成不良影响,保障电网的安全稳定运行。

(三) 预防线路过负荷的措施

预防线路过负荷是电力系统安全运行的重要内容,主要措施包括过负荷切电源和过负荷切负荷。过负荷切电源是指在线路出现过负荷状况时,自动切除部分发电机组或电源设备,减少进入线路的功率流,从而降低线路负荷,防止设备因过载而损坏。过负荷切负荷措施是在线路负荷超过安全阈值时,自动切除部分用户负荷,减轻线路负担,避免因过负荷导致的设备损坏和供电中断。这些措施通过快速响应和自动调节,防止线路过负荷对电力系统的稳定运行造成威胁。先进的监测和控制系统能够实时监控线路负荷情况,并在过负荷状况出现时迅速采取措施,确保线路在安全范围内运行。预防线路过负荷的措施不仅保护了电力设备的安全,还提高了电力系统的整体运行效率和可靠性,保障了用户的持续供电和电力系统的稳定运行。

三、我国电力系统的分区分级控制

我国电力系统庞大且复杂,为了保障电力供应的安全、稳定和高效运行,采取了分区分级控制的策略。分区分级控制是一种管理模式,通过将电力系统划分为不同的区域和等级,实施分层管理和协调控制,以应对系统规模大、运行条件复杂及负荷分布不均等挑战。

分区控制是指将全国电网划分为若干个电网区域,每个区域由一个独立的调度中心负责管理和控制。我国电网主要分为华北、华东、华中、东北、西北、南方等六大区域电网。每个区域电网内包含多个省级电网,由省级电力公司负责具体运营和管理。区域电网的划分考虑了地理位置、负荷需求和资源分布等因素,旨在实现区域内电力资源的优化配置和可靠调度。

在区域电网内,分级控制进一步细化管理层级。一级调度中心是国家电网调度中心或南方电网调度中心,负责全国范围内的电力调度和跨区域电力交换。一级调度中心的主要任务是统筹协调各区域电网的电力供应,确保全国电力系统的整体平衡和稳定。通过实时监控和调度命令,一级调度中心能够快速应对全国范围内的电力紧急情况,如大面积电力缺口或重大设备故障。二级调度中心是各区域电网的调度中心,如华北电网调度中心、华东电网调度中心等。二级调度中心负责本区域内的电力调度和电网运行管理。它们根据一级调度中心的指导,制定区域内的电力供应计划,协调各省级电网的电力调度,确保区域内电力系统的安全稳定运行。二级调度中心还需处理区域内的突发事件,如局部设备故障或负荷波动,保证区域电力供应的连续性。三级调度中心是省级电网的调度中心,如北京电网调度中心、广东电网调度中心等。三级调度中心负责本省范围内的电力调度和管理,具体执行上级调度中心的调度命令,确保本省电力系统的安全稳定运行。三级调度中心需要细化电力供应计划,优化省内电力资源的配置,协调各地市级电网的运行,处理省内电力系统的运行问题。市级和县级电网调度中心作为四级和五级调度中心,进一步细化电力管理和控制。

它们负责本地电网的运行管理，确保当地电力供应的可靠性和安全性。这种分层管理模式有助于快速响应和处理局部电网的运行问题，提高电力系统的整体效率和稳定性。

分区分级控制的优势在于提高了电力系统的管理效率和应急响应能力。通过分区管理，各区域电网能够根据自身特点和需求，制定符合实际情况的运行策略和调度计划。分级控制则确保了各层级调度中心的协调和联动，增强了电力系统的灵活性和适应性。在应对突发事件时，分区分级控制体系能够快速定位问题，及时采取措施，防止问题扩大和蔓延。

第四节 我国电力系统的发展概况

一、我国电力系统的发展历程

我国电力系统的发展历程可以分为以下几个主要阶段。

（一）初步发展阶段

在20世纪初期，我国的电力工业刚刚起步。当时主要集中在少数大城市和工业发达地区，电力设备和技术主要依赖进口。供电能力有限，电力系统结构简单，多为孤立的小型发电厂。

（二）初步统一和快速扩展阶段

20世纪50年代初期，全国范围内电力供应仍然较为分散，各地依赖独立的小型发电厂，供电能力有限且不稳定。1953年，国家开始实施第一个五年计划，明确将电力工业作为重点发展领域之一。政府集中力量建设了一批大型发电厂和输变电工程，显著提高了电力供应能力和稳定性。华北电网的建设就是这一时期的重要成就之一，为首都北京及周边地区提供了稳定的电力供应。

20世纪50年代末到60年代初，全国范围内开始形成初步的电力联网，实现了区域电网的统一调度。这一过程中，国家投入大量资源，先后建设了多座大型火力发电厂和水力发电厂，如位于长江上的葛洲坝水利枢纽工程和东北地区的丰满水电站等。这些大型发电设施的建成，不仅大幅提升了电力供应能力，还改善了电力系统的可靠性和稳定性。与此同时，输变电工程也得到了大力发展。国家在全国范围内铺设了大量高压输电线路，将分散的发电厂连接起来，形成了区域电网。例如，华北电网、华东电网、东北电网等区域性电网逐步成型。这些区域电网的建立，实现了跨区域电力调度和平衡，提高了电力资源的利用效率，减少了各地孤立运行带来的不稳定性。此外，国家引进并消化吸收了一批先进的电力设备和技术，同时加强了电力工程技术人员的培养和技术工人的培训。电力工业的技术水平和管理能力得到了显著提高，为后续的发展打下了坚实的基础。

20 世纪 60 年代后期至 70 年代初，虽然国家经济发展面临一些困难和挑战，但电力工业的发展并未停止。国家继续加大对电力基础设施的投资，建设了一批新的发电厂和输电线路。

（三）现代化建设阶段

改革开放后，我国电力工业迎来了前所未有的发展机遇。国家出台了一系列政策和措施，积极鼓励电力建设，逐步引入市场机制，推动电力生产和消费的快速增长。

改革开放初期，我国电力工业基础薄弱，供电能力无法满足迅速增长的经济和社会需求。为此，国家制定了一系列战略规划和政策，鼓励地方政府和社会资本参与电力基础设施建设。20 世纪 80 年代，国家通过投资、贷款和外资引进等多种方式，筹措电力建设资金，大力推进发电厂和输变电工程的建设。这一时期，煤电、水电、核电等多种发电形式并举发展，电力装机容量迅速增加，供电能力显著提升。

随着电力需求的不断增长，传统的计划经济体制难以适应新形势的要求。20 世纪 90 年代，国家加快了电力体制改革的步伐，电力行业开始逐步引入市场竞争机制，打破了过去由国家垄断经营的格局，发电、输电和售电环节开始分离，形成了多主体、多层次的电力市场体系。在市场化改革的推动下，发电厂和输变电项目建设大规模展开。特别是20世纪90年代后期，国家加大了对电力基础设施的投资力度，许多大型发电厂相继建成投产。例如，三峡工程作为世界上最大的水力发电工程，其建设不仅极大地提升了我国的水电发电能力，也象征着我国电力工业技术的进步和现代化水平的提高。此外，多个核电站的建设与投产，如大亚湾核电站、秦山核电站等，使我国在核电领域取得了重要突破。电力系统的扩展和技术进步使得全国电网逐步实现了互联互通。国家通过建设高压和超高压输电线路，将各区域电网连接起来，实现了电力资源的跨区域调配和优化配置。华北电网、华东电网、东北电网等区域电网的互联互通，形成了全国范围内的电力网络格局，提高了电力供应的可靠性和稳定性。这种大规模的电网互联，也促进了电力工业的规模化和集约化发展。与此同时，电力工业的技术水平和管理能力也得到了显著提高。改革开放为技术引进和自主创新提供了广阔的空间，电力企业不断引进国外先进技术和管理经验，加强科技研发和人才培养。

20世纪90年代末，电力体制改革进一步深化。1997年，国家电力公司成立，标志着电力工业迈向了市场化、企业化的新阶段。国家电力公司负责全国范围内的电力生产和供应，推动电力企业向现代企业制度转型，进一步提高了电力工业的运行效率和市场竞争力。

（四）可再生能源快速发展与智能电网建设阶段

进入21世纪，随着全球能源危机和环境问题的加剧，我国加大了对可再生能源的投资和研究力度。风电、太阳能等可再生能源发电量迅速增长，逐步在电力系统中占据重要地位。与此同时，智能电网技术的发展，使得电力系统的管理和调度更加高效和灵活。国家电网和南方电网作为两大骨干电网，覆盖了全国大部分地区，实现了跨区域的电力输送和资源优化配置。

二、我国电力系统发展现状分析

我国电力系统在经历了多年的快速发展后,已经形成了规模庞大、结构复杂、技术先进的电力供应体系。

(一)电力建设快速发展

1. 电力装机容量和发电量持续增长

电力装机容量的不断扩大,是满足经济快速发展和城乡电气化进程的重要前提。在电力装机容量方面,我国已经成为全球最大的电力装机国之一。全国发电装机容量已经突破 20 亿千瓦,涵盖了火电、水电、风电、光伏和核电等多种发电形式。在发电量方面,我国的发电量也稳步增长,满足了经济社会发展的不断增加的用电需求。随着工业化、城镇化进程的推进及居民生活水平的提升,用电需求呈现持续上升态势。电力企业通过不断提升发电技术水平和管理效率,提高了电力生产的稳定性和可靠性。

2. 电网建设不断加强

随着经济的迅猛发展和城乡电气化进程的推进,电力需求不断增长,对电网的输送能力和可靠性提出了更高的要求。为满足这些需求,国家加大了对电网建设的投入,实施了一系列重大电网工程项目。特高压输电技术的应用是我国电网建设的一大亮点。通过建设特高压输电线路,将远距离、大容量的电力输送变为可能,有效缓解了电力在不同区域间的供需矛盾。国家电网有限公司和中国南方电网有限责任公司先后建成了多条特高压直流和交流输电线路,实现了跨区域的电力资源优化配置。与此同时,智能电网的建设也在不断推进。智能电网通过信息化和自动化技术,提高了电网的运行效率和管理水平。电网的自动化调度系统、配电自动化系统和智能变电站等新技术的应用,使得电网的故障处理能力和供电可靠性大幅提升。此外,农村电网改造和升级工程也在加快实施,逐步实现了城乡电网的一体化管理,进一步提升了农村地区的供电质量和可靠性。通过不断加强电网建设,我国电网的输电能力、供电可靠性和智能化水平显著提高，为经济社会的可持续发展提供了坚实的电力保障。

3. 西电东送和全国联网发展迅速

我国西部地区水电、风电和光伏资源丰富，但经济相对落后，用电需求较低；而东部地区经济发达，用电需求旺盛，但能源资源相对匮乏。为解决这一矛盾，国家实施了西电东送战略，通过建设跨区域输电通道，将西部地区的清洁能源输送到东部地区。自20世纪90年代以来，西电东送工程取得了显著成效，形成了北、中、南三大输电通道。北通道以煤电为主，将内蒙古、山西等地的电力输送至京津唐地区和山东省；中通道以水电为主，将长江上游的水电输送至中部和东部地区；南通道则通过特高压输电线路，将云贵川地区的水电和广西、广东的火电输送至华南地区。通过西电东送，不仅有效缓解了东部地区的电力短缺问题，还促进了西部地区的经济发展。全国联网的发展也在不断推进。通过建设高压和超高压输电线路，逐步实现了各区域电网的互联互通，形成了全国范围内的电力网络格局。这种全国联网的格局，提高了电力系统的稳定性和供电可靠性，增强了电力系统应对自然灾害和突发事件的能力。全国联网的发展，不仅优化了电力资源配置，还提高了电力市场的竞争力和运行效率，推动了我国电力工业的持续健康发展。通过西电东送和全国联网，我国电力系统实现了跨区域的协调发展，为国家经济社会的全面进步提供了强有力的支持。

（二）电力科技水平大幅提高

1. 火电机组参数等级、效率不断提高

通过引进和自主研发超超临界机组技术，火电机组的运行参数得到了极大提升，蒸汽温度和压力显著增加，使得机组热效率提高到接近50%。这种高效机组不仅减少了煤炭消耗量，还大幅降低了二氧化碳和其他污染物的排放。此外，燃煤电厂逐步实施超低排放改造，应用先进的烟气净化技术，实现了污染物排放的全面控制。火电机组技术的进步，极大地提升了我国火电产业的竞争力和可持续发展能力。

2. 核电自主化程度不断提高

我国在核电领域的自主化进程不断加快,取得了重要成就。秦山核电站二期的建成投产,标志着我国已具备 65 万 kw 压水堆核电机组的研发和制造能力。这一成就不仅证明了我国在核电技术上的自主创新能力,还为后续更大功率核电机组的研发奠定了基础。同时,国家还积极推进"华龙一号"等具有自主知识产权的核电技术,并在国内外多个项目中得到应用和推广。核电自主化水平的不断提高,增强了我国在国际核电市场的竞争力和技术话语权。

3. 超高压技术跻身国际先进行列

我国在超高压输电技术方面取得了重大突破,已跻身国际先进行列。500 kV 千伏紧凑型、同塔多回、串联补偿等先进技术的应用,显著提升了输电线路的输送容量和稳定性。这些技术的推广,不仅优化了电网结构,还提高了电力输送的效率和安全性。特别是在长距离、大容量输电项目中,超高压技术的应用显著降低了输电损耗,满足了跨区域电力调配的需求。超高压技术的国际领先地位,为我国电力工业的可持续发展提供了有力支持。

4. 交、直流输电系统控制保护设备技术水平领先

我国在交、直流输电系统的控制和保护设备技术上已达到世界领先水平。现代电力系统对可靠性和稳定性要求极高,高效的控制保护设备是保障电网安全运行的关键。通过自主研发和技术创新,我国在高压直流输电(HVDC)和柔性直流输电(VSC-HVDC)等领域取得了显著进展。先进的控制保护设备确保了电力系统在各种复杂运行条件下的稳定性和可靠性,减少了故障发生的概率和影响。这些技术进步,极大提升了我国电力系统的整体技术水平。

5. 直流输电技术快速发展

直流输电技术在我国发展迅速,已成为电力技术创新的重要方向。特高压直流输电(UHVDC)技术的突破,使得我国在长距离、大容量电力输

送方面处于全球领先地位。通过建设一系列特高压直流输电工程，如西电东送项目，我国实现了电力资源的高效跨区域调配。直流输电技术的快速发展，不仅提高了电网的输送能力和稳定性，还降低了输电损耗，提升了整体经济效益。

（三）可再生能源发电显著提高

1.风力发电建设规模逐步扩大

近年来，我国风力发电建设规模逐步扩大，成为全球风电装机容量最大的国家之一。这一成就得益于国家政策的大力支持和技术的不断进步。自"十一五"规划以来，国家出台了一系列鼓励和扶持风电发展的政策，包括风电特许权招标、电价补贴等措施，极大地激发了各类投资主体的积极性。风电场的建设遍布全国，特别是在风资源丰富的"三北"地区（东北、华北和西北），大规模风电基地相继建成。此外，海上风电也开始快速发展，成为风电产业新的增长点。技术方面，我国自主研发的风电设备不断更新换代，风机单机容量和发电效率显著提升，降低了风电的建设和运营成本。风力发电的发展不仅增加了清洁能源的供应，还带动了相关产业链的发展，创造了大量就业机会。风电的快速发展，对优化我国能源结构、减少温室气体排放、实现绿色低碳发展具有重要意义。

2.地热发电得到应用

我国地热资源丰富，主要分布在青藏高原、华北平原、东南沿海等地区。地热发电具有稳定性强、受气候影响小等优点，适合作为基础负荷电源。近年来，国家加大了对地热能开发利用的支持力度，出台了一系列政策措施，推动地热发电项目的建设和运营。典型的地热发电项目如西藏羊八井地热电站，已成为我国地热发电的标志性工程。地热发电的技术不断进步，包括干热岩开发利用、二氧化碳地热发电等新技术的研究和应用，使地热发电的经济性和可行性显著提升。此外，地热能的开发利用不仅限于发电，还包括地热供暖、地热农业等多种形式，实现了资源的综合利用和多样化发展。地热发电的发展，拓宽了我国可再生能源的利用渠道，对促进能源多元化供应、提高能源安全性具有重要意义。

3. 太阳能发电开始普及

太阳能资源在我国分布广泛，西部和北部地区光照条件优越，适宜大规模发展光伏发电。近年来，国家出台了一系列扶持太阳能发电的政策，如光伏电站的电价补贴、光伏扶贫等措施，有力地推动了太阳能发电的普及。技术进步和成本下降是太阳能发电迅速普及的重要因素。光伏组件的生产技术不断升级，转换效率逐步提高，同时制造成本大幅下降，使得光伏发电的经济性越来越好。分布式光伏发电也得到广泛应用，不仅在农村和偏远地区普及，还在城市屋顶、工业园区等实现了广泛安装。太阳能发电的发展，不仅提高了可再生能源的比例，还促进了能源结构的绿色转型，对实现我国的碳达峰、碳中和目标具有重要作用。

4. 核能发电取得了显著进展

在核电站建设方面，我国正在实施多点布局、稳步推进的策略。除了沿海地区的核电站建设，还积极向内陆地区扩展，形成了多核并举的发展格局。核电站的分布从东部沿海地区逐渐扩展到中部和西部地区，如湖南的桃花江核电项目、江西的彭泽核电项目等，进一步优化了我国的能源布局。我国在核电站建设和运营过程中，严格遵循国际安全标准，采用了多重防护措施和先进的安全技术。核电站的运行管理体系不断完善，确保了核电的安全性和可靠性。国家还设立了专门的核安全监管机构，对核电站进行严格监管和定期审查，确保核电站安全运行。

在核电技术创新方面，我国积极推进第四代核电技术研发，如高温气冷堆、快中子增殖反应堆等。这些新型反应堆技术不仅提高了核燃料的利用率，还进一步增强了安全性能。此外，核燃料循环利用技术的发展，使得核废料处理更加高效和环保，减少了对环境的影响。

第二章　电力系统自动化概述

第一节　电力系统自动化的概念及必要性

一、电力系统自动化的概念

（一）自动化

自动化诞生于工业生产领域，是指利用自动调节、检查、加工和控制的机器及设备代替人工直接操作，从而实现生产作业的一种技术手段。自动化系统通过感应器、控制器、执行器等设备，按照预设程序或通过反馈信息自动执行操作任务。一般来说，自动化可以显著增加产品产量、降低生产成本、提高产品质量及改善劳动条件，从而提升生产效率和竞争力。随着科学技术的不断进步，特别是电子、计算机和通信技术的发展，自动化技术得到了快速发展和广泛应用，不仅限于工业生产领域，还扩展到非工业领域，如办公自动化、家务劳动自动化等。办公自动化通过计算机和通信网络，提高了办公效率和管理水平；家务劳动自动化则通过智能家电的应用，减轻了家庭劳动强度，提升了生活品质。自动化技术的广泛应用，使得生产和生活方式发生了深刻变化，推动了社会的进步和发展。

（二）电力系统自动化

电力系统自动化是自动化的一种具体形式，专门应用于电力系统的运行管理。它是通过应用各种具有自动检测、决策和控制功能的装置，并借助信号系统和数据传输系统，对电力系统的各个元件、局部系统或全系统进行就地或远程的自动监视、协调、调节和控制。电力系统自动化的目标是保证电力系统的安全、经济运行，并提供合格的电能质量。自动化系统在电力系统中的应用，涵盖了发电、输电、变电、配电和用电的各个环节。通过实时监测和控制，自动化系统能够提高发电和输电的效率，优化电力调度，调整负荷分配，减少电力损耗。

二、电力系统自动化的必要性

（一）控制运行设备

电力系统由成千上万台发电、输电、配电设备组成，这些设备分散在辽阔的地理区域内，常常跨越多个省份。通过不同电压等级的电力线路，这些设备形成了一个紧密耦合的网状系统。任何一点发生故障，都会瞬间影响到整个系统，引发连锁反应，甚至可能导致大面积停电事故。因此，电力系统必须具备快速控制的能力。然而，由于被控制的设备数量众多、分布广泛且相互联系紧密，依靠人工进行实时监视和控制显然是难以实现的，必须借助于自动控制装置来完成，也就是借助各种自动装置和自动化系统才能保障电力系统的稳定运行。

（二）控制运行参数

电力系统中的参数包括频率、节点电压及各种保证经济运行的参数。为了确保电能质量，电力系统必须在任何时刻都能保持电源发出的总功率与用电设备在额定电压和频率下消耗的总功率相等。然而，电力系统的用户用电行为具有高度随机性，随时可能发生开关操作，导致用电量的变化。这就需要对电力系统内众多发电机组和无功补偿设备进行精确控制，使其发出的有功和无功功率随时匹配不断变化的用电需求。手工监视和控制如此庞大而复杂的运行参数显然是极其困难的。电力系统自动化通过高度集成的计算机系统和智能设备，实现了对这些参数的实时监控和自动调节。自动化系统能够通过先进的传感器和数据采集技术，实时获取电力系统中各个节点的电压、频率及功率流动信息，并通过高效的算法进行分析和决策，自动调整发电机组的输出和无功补偿设备的运行状态。此外，自动化系统还能够优化系统运行，提高经济性。通过自动化调度，电力系统可以在不同负荷条件下，实现发电资源的最优分配，减少电能损耗，降低运行成本。同时，自动化系统可以实时响应负荷变化，快速调节发电和输电，以满足瞬时变化的用电需求，确保供电的连续性和稳定性。

因此，电力系统自动化在控制众多且复杂的参数时，显示出了不可替代的重要性。通过实时监控和自动调节，电力系统自动化确保了电能质量的稳定，提高了系统运行的经济性和可靠性，是现代电力系统高效运行的关键技术支撑。

（三）应对故障干扰

当电力系统发生故障时，实质上对自动控制系统产生了一个扰动。故障的随机发生及其随后的切除，伴随着被控对象结构的变化，显著增加了控制的复杂性。在这种情况下，依靠传统的人工监控和手动操作，难以实现对电力系统的实时、精确和快速控制，因此必须借助自动化系统。

自动化系统通过高度集成的监控和控制装置，能够实时监测电力系统的运行状态，迅速检测并定位故障。自动化系统具备强大的数据采集和处理能力，能够在毫秒级时间内分析故障的性质和影响范围，进而迅速采取应急控制措施，如隔离故障区域、调整电力流向和启动备用电源。这种快速响应能力在防止故障扩大、保持系统稳定方面发挥了关键作用，是人工操作所无法比拟的。在故障发生和切除过程中，电力系统的拓扑结构发生变化，进一步增加了控制的复杂性。自动化系统能够动态适应这些变化，实时调整控制策略，确保电力系统的安全运行。例如，当某条输电线路发生故障被切除后，自动化系统会重新计算电力潮流，调整其他线路和发电机组的运行状态，以维持系统的平衡和稳定。自动化系统还具有故障恢复功能。当系统在故障后失稳时，自动化系统通过智能算法和高效计算，制订详细的恢复计划，逐步恢复电力供应。自动化系统能够协调各发电厂和变电站的运行状态，分阶段、有序地恢复系统的正常运行，确保恢复过程的安全和高效。同时，自动化系统可以进行在线仿真和预测分析，提前识别潜在风险，制定预防性控制措施，进一步提高系统的抗干扰能力和恢复能力。

总之，单靠发电厂、变电站和调度中心的运行值班人员进行人工监视和操作，无法保证电力系统的安全、优质和经济运行。实现这一目标必须依靠自动化系统。电力系统自动化是确保电力系统安全、优质、经济运行的关键保障。没有电力系统自动化，现代电力系统的安全运行将无法得到保证。

第二节　电力系统自动化的主要内容

从不同的角度来看，可以将电力系统自动化的内容划分为几个不同的部分。按电力系统运行管理区域，可以将电力系统自动化分为电力系统调度自动化、发电厂自动化、变电站自动化和配电网自动化。其中，发电厂自动化可以进一步分为火电厂自动化和水电厂自动化。从电力系统自动控制的角度来看，可以将电力系统自动化划分为电力系统频率和有功功率自动控制、电力系统电压和无功功率自动控制、电力系统安全自动控制等。下面对电力系统自动化的主要内容进行简要介绍。

一、电力系统调度自动化

电力系统调度的功能主要有以下几点：一是调度整个电力系统的运行方式，使电力系统在正常状态下安全、优质、经济地向用户供电；二是在缺电状态下做好负荷管理；三是在事故状态下迅速消除故障的影响和恢复正常供电。在正常运行状态下，调度员通过调度系统监测和控制电力系统的发电、输电和配电环节，确保电力的高效传输和合理分配；在电力供需不平衡的情况下，调度系统会优先保障重要用户的用电需求，合理分配有限的电力资源；在出现故障时，调度系统能够快速定位故障点，进行隔离和恢复操作，以最小化对电力供应的影响。

电力系统调度自动化的任务是综合利用计算机、远动和通信技术，实现电力系统调度管理的自动化，有效帮助调度员完成调度任务。具体而言，调度自动化系统通过实时数据采集和监控，实现对电力系统运行状态的全面掌握；通过先进的数据分析和决策支持工具，帮助调度员制定科学的调度方案；通过自动控制设备，实现对电力系统的快速响应和调整。这样一来，电力系统调度自动化不仅提高了调度工作的效率和准确性，还显著增强了电力系统的运行安全性和稳定性。

电力系统调度自动化的特点是统一调度、分层控制。统一调度指的是电力系统调度中心对整个电力系统的统一指挥和管理，确保各个环节的协调运行；分层控制则是根据电力系统的复杂性和规模，将调度控制分为不同的层次和区域，通过层层递进的控制结构，实现对电力系统的精细化管理。这种统一调度与分层控制相结合的方式，不仅提高了电力系统的运行效率，还增强了系统的灵活性和适应性，能够更好地应对各种运行状态和突发事件。

二、发电厂自动化

（一）火电厂自动化

1. 火电厂自动化的发展历程

火电厂自动化是指利用先进的控制技术、计算机技术和通信技术，实现火电厂各个环节的自动监测、控制和管理，提高火电厂运行的安全性、可靠性和经济性。具体而言，火电厂自动化的主要目的包括以下几个方面：一是提高运行效率；二是增强安全性；三是提高可靠性；四是改善环境保护；五是提升管理水平。

在20世纪50年代以前，火电厂的自动化水平非常低，主要依靠就地控制。炉、机、电设备各自设置了控制仪表盘，运行人员需要分别对各自的设备进行监视和操作。这种方式虽然简单，但效率低下，对人员的依赖度高，容易出现操作失误。20世纪50年代中期，随着再热机组的广泛应用，火电厂引入了炉、机、电单元制运行方式。这标志着火电厂自动化进入了集中控制阶段。在这个阶段，火电厂将各控制仪表盘集中布置在单元控制室内，这样运行人员可以在一个位置监视和控制单元机组的运行状态。集中控制提高了监控的效率，降低了运行风险，但依然主要依赖常规模拟式仪表。20世纪70年代以来，随着电子计算机的引入，火电厂自动化开始快速发展。起初，计算机与传统的模拟控制仪表相结合用于监视机组的运行状态。随后，得益于计算机技术、通信技术、控制技术和屏幕显示技术的飞速发展，特别是微型计算机的可靠性和性价比的提高，分散控制系统（DCS）开始在火电厂自动化中得到广泛应用。该系统采用微型计算机作为核心，实现了对不同控制功能的分散实现，同时通过集中的操作台允许运行人员对整个火电厂进行统一的监视和管理。这大大提高了操作的灵活性和加快了系统的响应速度，同时也增强了整个系统的安全性和可靠性。进入21世纪后，火电厂自动化继续朝着更智能化的方向发展。现代火电厂采用更高级的自动化系统，不仅能实现基本的控制和监视，还能进行复杂的数据分析、优化操作和预测性维护，进一步提高了火电厂的运行效率。

2.火电厂自动化系统

（1）计算机监视系统。计算机监视系统旨在全面监控锅炉、汽轮机、发电机及电气系统的生产过程参数和设备运行状态。该系统通过集成厂级监视用计算机和分散控制系统，实现对关键设备的实时监测。其主要功能包括数据采集、实时和历史数据的处理、越限报警、性能计算及操作指导。此外，系统还具备打印制表、事故追忆打印及事件顺序记录等功能，有效替代了部分传统的常规仪表装置。计算机监视系统的强大数据处理能力不仅提升了对整个机组的监视效率，而且通过存储大量历史数据，支持对机组运行中的问题进行深入分析和及时解决。计算机监视系统极大地增强了电厂的运行安全性、稳定性和经济性。

（2）机炉协调主控制系统。机炉协调主控制系统主要负责根据电力系统的负荷调度命令和频率，综合控制汽轮机和锅炉的自动控制系统。该系统能够在单元机组承担的负荷范围内，发出精确的控制指令，确保发电过程的平稳进行。它不仅具备调节机组输出的功能，还具有逻辑判断能力，能在设备发生故障或其他异常工况时，迅速做出反应，发出连锁保护动作指令，防止事故扩大。通过这种协调控制，系统可以根据实时的运行状况和负荷需求采用最优的运行方式，提高发电效率，同时确保设备运行的安全性和稳定性。

（3）锅炉自动控制系统。锅炉自动控制系统包括锅炉调节控制系统和炉膛安全保护监控系统。

①锅炉调节控制系统。主要负责对火电厂中锅炉的各项运行参数进行精确控制，如水位、压力、温度和燃烧过程。这一系统通过实时监测锅炉的运行状况，自动调整供水、燃料供给量及其分布和风量等，以维持锅炉在最佳的运行状态。通过这种调节控制，不仅确保了锅炉的高效和经济运行，还有助于延长设备的使用寿命和提高能源利用效率。

②炉膛安全保护监控系统。主要负责监控锅炉炉膛的安全运行状态，如监测火焰状态、炉膛压力、温度等关键参数。当这些参数出现异常时，系统会自动执行保护动作，如调整燃烧过程、紧急停炉等，以防止可能的安全事故。此系统的设计是为了确保锅炉在各种工况下的安全运行，通过早期的故障检测和快速响应，极大地减少了事故发生的风险。

（4）汽轮机自动控制系统。汽轮机自动控制系统包括汽轮机调节系统、汽轮机自启停系统、汽轮机监视保护系统、主蒸汽旁路控制系统。

①汽轮机调节系统。汽轮机调节系统主要负责调节汽轮机的运行参数，以适应电网的负荷需求和维持发电过程的稳定性。该系统通过精确控制汽轮机的转速和蒸汽流量，确保发电效率的最优化和机组的安全运行。调节系统根据实时的电网需求和机组状态，自动调整蒸汽进口阀门的开度，以适配不断变化的负载条件，从而提高发电的灵活性和响应速度。

②汽轮机自启停系统。用来在需要时自动启动或停止汽轮机。该系统极大地减少了对人工操作的依赖，提升了启停过程的安全性和准确性。自启停系统根据电厂的运行需求和预设的程序自动执行启动和停止操作，确保汽轮机在适当的条件下运行，避免由于操作不当引起的机械损耗或事故。

③汽轮机监视保护系统。用于实时监控汽轮机的运行状况并在出现任何潜在的危险或故障时提供必要的保护措施。该系统监控诸如温度、压力、振动等关键指标，一旦检测到异常情况，系统会立即采取措施，如调整操作参数或紧急停机，以保护汽轮机免受损害并确保人员安全。

④主蒸汽旁路控制系统。用于在汽轮机启动和停机期间，或当蒸汽需求突然变化时，控制蒸汽绕过汽轮机直接进入凝结器。该系统确保在汽轮机不接受蒸汽负荷的情况下，锅炉可以继续安全运行，同时保持热效率。旁路控制系统通过自动调节旁路阀门的开度，对主蒸汽流进行精确控制，从而适应电网和发电需求的变化，保证整个发电系统的灵活性和稳定性。

（5）发电机组和电气控制系统。该系统主要包括发电机组自动控制系统和厂用电控制系统。

①发电机组自动控制系统。发电机组自动控制系统主要负责管理和调控发电机的运行。该系统确保发电机在最佳工作状态下稳定运行，同时优化发电效率。系统通过实时监测和控制发电机的关键参数，如电压、电流、频率及功率因数，自动调整发电机的负荷分配，以适应电网需求的变化。发电机组自动控制系统通过提高操作的精准性和响应速度，显著提升了火电厂的整体运行效率和可靠性。

②厂用电控制系统。厂用电控制系统负责火电厂内部电力的分配和管理，确保所有设备和系统的电力需求得到满足，同时优化能源使用效率。该系统监控和控制厂内电力的流向和用量，实现对主要设备如泵、风机和输送带等的电力供应。系统具备高级的监控功能，能够实时检测电力使用情况，防止过载，保护电气设备不受损害。厂用电控制系统还能在电源故障或需求突增时，自动切换电源或调节电力分配，保证关键设备和安全系统的电力供应不中断。这一系统对维持火电厂正常运行和提升能效起着核心作用。

（6）辅助设备及各支持系统的自动控制系统。这些系统主要通过顺序控制来管理和监控电厂中的各种辅助设备及支持系统，如输煤系统、锅炉吹灰系统、锅炉补给水处理系统、给水泵、风机及锅炉点火和煤粉制备系统等。具体来说，输煤系统控制确保煤炭按需输送到锅炉燃烧；锅炉吹灰系统控制则负责定期清除锅炉中的积灰，防止效率下降和潜在的安全问题；锅炉补给水处理系统控制调节水质和水量，以满足锅炉运行的需求；给水泵启停控制和风机启停控制则通过自动调节启动和停止，确保系统在最佳状态下运行，避免不必要的能耗和机械磨损；锅炉点火系统控制提供了一种安全可靠的点火方式，以启动或重新启动锅炉；煤粉制备系统控制确保煤粉在输送至燃烧器前达到适宜的粒度和流动性。这些系统的高度自动化不仅减少了人为操作错误，还提高了电厂的响应速度和调整灵活性。

通过这些辅助设备及支持系统的自动控制，火电厂能够在各种操作条件下保持最优运行状态，降低事故率，提升整体运行效率，最终实现成本效益的最大化。

（二）水电厂自动化

水电厂自动化指的是在水电站中应用先进的自动控制和信息技术，以实现水电站设备和系统的高效、安全和经济运行。

1. 水轮发电机组自动控制系统

水轮发电机组自动控制系统负责对水轮发电机组的各种工况及其转换过程进行实时监视与控制。该系统主要由机组自动监控装置、水轮机调速器、发电机励磁调节器及自动化元件和机组附属设备组成。通过这些组件，系统能够根据从上级调度所、电站内部的最优负荷分配装置或低频自启动装置收到的控制指令，或者运行人员的手动操作，自动完成机组的工况转换、安全监视和保护。近年来，随着技术的进步，水轮发电机组自动控制系统越来越多地采用微机系统或可编程控制器来完成自动监控任务，这些高度自动化的控制系统不仅提高了操作的精确性和响应速度，还增强了电站操作的安全性和经济性，确保了水电站在各种工况下的稳定和高效运行。

2.水电厂自动电压控制系统

水电厂自动电压控制系统主要负责调节和控制发电厂输出电压和无功功率，以维持电力系统的电压水平在预定范围内。

自动电压控制通常通过发电机的励磁系统来实现。励磁系统可以根据电网条件和电厂运行状态的变化，自动调节励磁电流，从而改变发电机的励磁度，调节输出电压和无功功率。此外，这一系统还可以与水轮机调速器协同工作，优化水轮机的输出以适应电力需求的波动。在大多数现代化水电站中，自动电压控制系统已经整合入更广泛的电站管理系统，通过先进的计算技术和算法，实时进行电压控制决策，提升了电厂对电网稳定性的贡献，并确保了发电过程的高效性。

3.水电厂自动发电控制系统

水电厂自动发电控制系统通过集成的自动化技术对水轮机和发电机的操作进行精确控制，实现最优的发电效率和运行安全性。主要功能包括自动启停、负荷分配、发电效率的优化及系统的实时监控和调整。

自动发电控制系统能够根据电网需求和水资源状况，自动调整发电量，确保水力资源的合理利用。在水资源充足时，系统会增加发电量，而在水资源短缺时则适当减少发电操作，以保护水资源并满足环保要求。此外，系统还能进行负荷预测，自动调整水轮机负荷，以应对电网负荷的快速变化。系统中的智能算法可以根据历史数据和当前操作条件，优化设备运行参数，提高发电效率和设备寿命。同时，自动发电控制系统还具备故障检测和诊断功能，可以及时发现和解决发电过程中的潜在问题，减少停机时间，确保电厂运行的高效和可靠。

4.水电厂计算机监控系统

水电厂计算机监控系统利用计算机技术和软件系统对电站的各个运行方面进行全面监控和管理。其工作原理如图2-1所示。

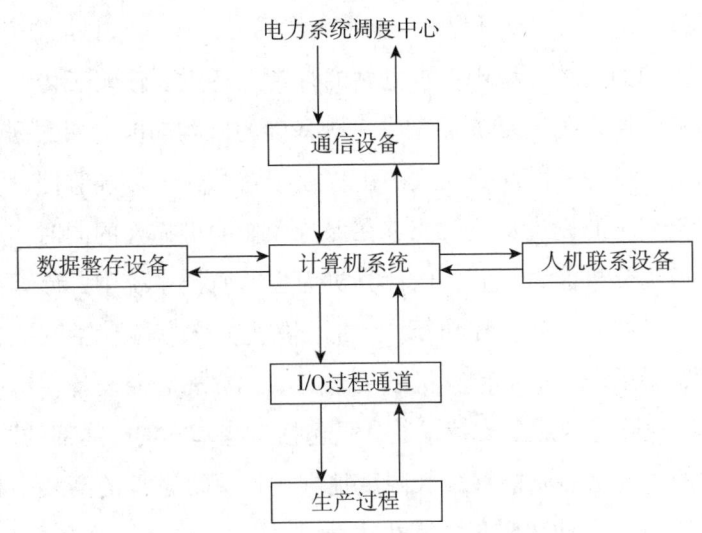

图 2-1 水电厂计算机监控系统工作原理

在水电厂计算机监控系统中,水电厂的实时运行状态量如机组的开停状态、空载发电、调相状态、断路器的分合状态及继电保护动作等,以及运行参数如电压、电流、功率、水位、温度、压力和位移等,可以通过输入/输出(I/O)过程通道传入计算机系统。计算机系统根据这些实时信息,运用预设的算法和控制逻辑,计算出必要的控制决策,然后通过相同的I/O过程通道发回到水电厂的单一功能自动装置,由这些装置执行如调节机组输出、操作断路器或调整闸门等具体控制任务。水电厂的实时运行参数和主设备的运行状态等信息可以通过通信设备传送到上级调度中心。同时,计算机系统也可以接收电力系统调度中心送来的调度命令,通过I/O过程通道对水电厂的设备进行控制和调节。

计算机监控系统的人机交互设备,如键盘、鼠标、彩色屏幕显示器和打印机等,不仅为操作人员提供了一个直观、易操作的界面,使得操作人员能够实时监控电厂的运行状态和参数,还允许他们在需要时进行手动控制和调整。显示器上的界面会实时显示关键的监控信息和警告信息,而打印机则用于输出操作日志和事故记录,为事后分析和审计提供文档支持。

水电厂计算机监控系统的应用可以根据系统的依赖程度和功能覆盖范

围分为两种模式：以计算机为辅的监控系统和以计算机为主的监控系统。在以计算机为辅的监控系统中，水电站的日常运行主要依赖于传统的监控设备，计算机监控系统主要负责完成一些基础的监测功能，如数据采集、画面显示和制表打印等。这种模式的优势在于它结合了传统监控设备的稳定性和计算机系统的先进功能，能够在保持操作的可靠性的同时，增强系统的数据处理和分析能力。而在以计算机为主的监控系统中，计算机几乎承担了水电厂所有主要的监控功能。大部分的监控操作，包括高级的控制算法和决策支持系统，都由计算机系统来完成。常规监控设备在这里只作为计算机系统故障时的后备支持，通常只包括一些基本的、局部的监控设备。这种模式的主要优点是能够最大限度地利用计算机系统的高效率和高灵活性，提高监控的自动化程度，减少人为错误，提升操作效率和响应速度。

三、变电站自动化

变电站内部设备较为简单，长期以来其自动化并未得到充分重视，导致设备逐渐过时且落后，运营主要依赖人工监控和操控。然而，为确保变电站电气设备的安全性、可靠性和经济性，也设立了控制、信号、保护和自动装置构成的变电站二次回路系统。最初，变电站二次回路系统主要由触点继电器组成，后来分立式电子元件被引入，继而集成电路也开始用于构建二次回路。

随着微机监控技术在电力系统调度和电厂自动化领域的广泛应用，这种技术也被引入变电站的二次回路系统中，导致变电站微机监测装置的出现。微机监测实施后，变电站的控制、遥控和继电保护功能同样转向了基于微机的设备，实现了对变电站的监视、控制、遥控和继电保护的全面微机化，从而引起了变电站二次回路系统的一次重大转变。为了区分这一新阶段的变电站二次回路系统和传统的变电站二次回路系统，基于微机的变电站二次回路系统被称作"变电站自动化"。

变电站自动化建立在常规二次系统的基础之上。虽然基于微机技术，这些系统还是维持了传统的监控与控制、遥控和继电保护的独立配置与操作模式,即微机监控、微机遥控和微机继电保护装置分别独立运作,各自完成其指定功能,且各属于不同的专业和技术部门。这种分散的配置方式导致了设备重复使用、微机潜力未能充分发挥和设备间互联复杂等问题。因此,从20世纪70年代末到80年代初,工业发达国家开始研究如何将变电站的监控、遥控和继电保护等功能整合为一个统一的计算机系统,以提高自动化的效率和效果。20世纪80年代末到90年代初,集成自动化技术进入了工业应用阶段,变电站综合自动化出现。

变电站自动化的主要内容包括微机监控和微机远动。具体内容有:

(1)巡回监测和召唤测量:自动收集和监测变电站设备的运行数据。

(2)数据处理:对脉冲量进行计数,对开关量状态进行判别,执行越限判别,并进行功率总加和电能量累计等计算。

(3)信息显示和报警:显示变电站的运行情况,包括越限和事故报警,以及事故的打印和顺序记录。

(4)报表打印:自动打印运行和事件相关的报表。

(5)人机交互:提供人机对话及操作提示功能,增强用户交互体验。

(6)变电站远动终端:远程控制和监控变电站设备,提高响应速度和操作灵活性。

变电站综合自动化是一个更为全面的系统,它不仅包括了自动化的监控和远动,还整合了继电保护、开关操作等功能,进一步增强了变电站的智能化水平。其功能包括:

(1)变电站远动:远程监控和控制变电站的运行,确保操作的及时性和准确性。

(2)继电保护:实现自动保护逻辑,以预防和应对电气故障。

(3)开关操作:自动化控制变电站的开关操作,提高操作安全和效率。

(4)测量和监测:精确测量和实时监控电气参数,确保电力系统的稳定运行。

(5)故障录波和事故顺序记录:在发生故障时自动记录关键数据和事件顺序,便于事故分析和处理。

（6）运行参数自动打印记录：自动记录和打印变电站的运行参数，方便日常管理和维护。

四、配电网自动化

配电网自动化，也称为配电自动化，是通过运用计算机技术、电子技术和通信技术来监控、控制和管理配电网及用户端的电力设备和用电负荷，以提高配电网的安全性和经济效率，减少能源损失，降低故障率，并提升整体的供电质量。

（一）配电网自动化的主要内容

配电网自动化主要包括以下几方面：

（1）配电网调度自动化：主要涉及配电网络的运行调度，包括实时数据的采集、处理和分析，以便进行有效的负荷分配和调度决策。

（2）配电变电站自动化：自动化技术应用于配电变电站，实现对变电站的监控和控制，包括自动化的开关操作、故障检测和隔离及系统的优化运行。

（3）配电线路自动化：涉及配电线路的实时监控，自动识别和隔离故障点，恢复供电等，以减少停电时间并缩小影响范围。

（4）用户自动化：在用户端，自动化技术帮助监控和管理用户的电力使用，包括实时电量监测、负荷控制和电力需求响应等。

（二）配电网自动化的主要功能

1. 数据采集与控制

收集配电变电站和相关设施的运行数据，如母线电压、变压器与线路的电流，以及有功/无功功率、用电量和主要用户的负荷等。通过对这些数据进行数值运算和统计处理，可以计算出整个电网的功率总和、电量累计和负荷率等重要指标。采集到的运行数据通过远动系统实时传输到调度中心的计算机系统中。用户的用电量也通过智能设备收集并发送到调度中心。例如，智能电表通过将电能表盘的转动次数转换为电脑能识别的脉冲信号，并通过电话线或其他通信渠道传输到配电调度中心，以便进行进一步的分析和管理。

控制操作可以由实时控制软件自动完成。调度中心发出的控制命令通过远动装置传输至现场的执行设备，实现对馈电线路负荷开关的操作、变压器分接头位置的调整或补偿电容器组断路器的操作等。

2. 负荷管理

（1）负荷监视。负荷监视旨在实时跟踪和分析电力消耗情况。通过监测各节点和关键用户的用电量，获取负荷动态数据，帮助运营商识别需求峰值和低谷，预测电力需求变化。这些数据支持电网稳定运行和应对突发事件，如设备故障或极端天气引起的负荷突增。

（2）负荷控制。通过对电网负荷进行实时调控，可以有效地分配电力资源，以满足不同用户和区域的需求，同时避免电网过载。

3. 电压/无功综合控制

计算机定时进行配电网电压和无功功率分配的优化计算，依据"保证电压质量、降低电网损耗"的原则做出决策，发出控制指令去调节有载调压变压器的分接头或切换补偿电容器组。电压/无功控制包括母线电压控制、馈电线的无功功率控制、馈电线远端电压控制、配电变电站变压器环流控制和无功功率控制。

4. 可靠性管理

可靠性管理旨在提高供电的可靠性，通过恰当的控制措施将故障的影响限制在最小范围内。当配电网中发生故障时，可靠性管理能够快速响应并采取相应措施。具体方法包括以下两种：一是瞬时故障处理。当配电线路发生瞬时故障时，断路器会跳闸并自动重合一定次数。如果故障是暂时性的，自动重合操作能够恢复供电，减少停电时间。二是永久故障处理。对于永久性故障，计算机软件自动识别故障区段，识别出故障区段后，进行故障隔离，并恢复正常区段的供电。这样可以确保故障影响最小化，仅限于受影响的区域，其余部分能够继续正常供电。

5.信息管理

信息管理的关键在于维护和利用计算机系统的数据库，该数据库持续更新并存储关于配电网的各种数据，包括状态量、模拟量和脉冲量等。信息管理主要分为实时数据库、电费管理和设备档案管理数据库。

（1）实时数据库。实时数据库负责存放关于配电站、馈电线路和大用户的实时运行信息。

（2）电费管理。过去电费管理通常依赖人工抄表，现在则通过自动化设备如抄表机或远程读表系统来完成，信号传送媒介包括专用信号线、配电线载波、电话线或无线电等。

（3）设备档案管理数据库。设备档案管理数据库存储有关配电变压器、开关线路、电缆、电容器组等电气设备的详细档案信息，包括设备的原始档案材料、保护定值、设备动作次数、维修日期等。这些数据可以帮助维护团队制订运行报告和维修计划，确保设备按照最优条件运行，降低故障率。

6.配电网图示系统

配电网图示系统利用计算机屏幕显示器将配电网络以地理图形为背景的方式展示出来。这个系统详细展示了配电网中的各种设施，包括馈电线、架空线开关、用户位置、地下配电设施及仪表等。每一项设施都附有馈线名称、设备编号和用户编号等详细信息。这样的图示系统使调度员能够直观地监视整个配电网的运行状态，有效地管理和控制配电网的日常运作。在发生计划性停电或突发事故停电时，系统还能为调度员提供必要的检修和维护指导，帮助其迅速定位问题并制订相应的应对措施。

五、电力系统频率和有功功率自动控制

电力系统频率是电力系统中同步发电机产生的交流正弦电压的频率。在我国，正常运行时电力系统的频率应当保持在 50 Hz。电力系统的负载（即消耗电力的设备总和）与发电量必须保持平衡以维持这一频率。如果发电量超过负载，频率会上升；如果负载超过发电量，频率则会下降。频率控制的目的是通过调整发电量来平衡负载，从而维持频率在一个稳定的范围内。

有功功率是电力系统中实际用于做功的电力部分，即实际转换为其他能量形式（如热能、机械能等）并被利用的那部分电能，比如用来点亮灯泡、驱动电机，或者运行家电等。有功功率控制涉及分配各个发电机组的负载，以满足系统的有功功率需求。

电力系统频率和有功功率控制通常称为电力系统自动发电控制或负荷与频率控制，是通过控制发电机有功功率来跟踪电力系统的负荷变化，从而维持频率等于额定值，同时满足互联电力系统间按计划要求交换功率的一种控制技术。其主要任务可以细分为以下3点：

（1）确保系统总发电功率满足总负荷需求。在实际操作中，这通常通过原动机（如汽轮机或水轮机）的调速控制实现，这种控制也称为一次调频。一次调频的关键在于响应系统负荷的即时变化，通过增加或减少发电机的出力来补偿这些变化，确保发电与消耗之间的平衡。

（2）维持运行频率与额定频率的一致性。为了将频率误差降至最小，需要调节发电机的频率特性，这通常通过二次调频实现。二次调频主要涉及对电力系统中各个发电机的控制，以微调它们的输出，使系统频率稳定在额定值附近。

（3）合理分配各成员间的发电功率。在联合电力系统中，各成员需要根据预定计划协调功率交换，以优化资源利用并保护各自的经济利益。这需要精确的功率调度和控制策略，以确保联络线上的功率交换满足合同规定的计划值。

电力系统经济调度控制与电力系统频率和有功功率自动控制密切相关。电力系统经济调度控制旨在确保在保持频率质量的前提下，通过最低的系统运行成本原则，将有功负荷有效分配给各个可控的发电机组。电力系统频率和有功功率自动控制的目的是维持电力系统的频率在额定值，同时确保互联电网间按预定计划交换的功率，从而决定系统总的发电功率。而经济调度的任务则是决定这些总发电功率应如何在各个电厂之间分配，具体到每个电厂应开启多少机组，每台机组应发出多少有功功率，以最小化电力系统的发电成本和网络损耗。其目标是优化整个系统的运行成本，而不仅仅是单一电厂或单一线路的成本。

六、电力系统电压和无功功率自动控制

电压是评价电能质量的关键指标之一。如果电力系统电压偏离额定值太多,将对电力用户的设备造成潜在的损害,并可能导致电力系统效率降低和寿命缩短。不同电压等级的供电电压允许有一定的偏差范围。在我国,35 kV 及以上电压级别的供电电压偏差之和不超过额定电压的 10%,10 kV 及以下的三相供电电压允许偏差为额定电压的 ±7%,220 V 单相供电电压的偏差则为 +7%、-10%。

在电力系统中,电压稳定性依赖于无功功率的平衡。无功功率是指不进行实际能量转换的功率,发电机是主要的无功电源,除此之外,还有并联电容器、同步调相机和静止补偿器等设备,这些设备能够提供或吸收无功功率,以帮助调整和稳定电网的电压。例如,当系统电压下降时,增加无功功率的供给(如启动同步调相机或并联电容器)可以提升电压水平;反之,则需减少无功供给或增加无功吸收。

电力系统电压和无功功率自动控制是使部分或整个系统保持电压水平和无功功率平衡的一种自动化技术。其主要任务如下:

(1)确保无功电源发出的无功功率与电力系统负荷消耗的无功功率相等,以维持系统内电压的总体水平。通过控制发电机、电容器、调相机等设备的无功输出,系统能够保持各节点的电压在额定电压的允许偏差范围内,从而保证用户端电压的稳定性和符合标准。

(2)通过合理使用各种调压措施,促进无功功率的地区平衡,减少无功功率的远距离输送和相关的有功损耗。远距离输送无功功率会导致线路损耗增加,并可能影响系统的稳定性。通过在需要的地方就地产生或吸收无功功率,如在负载中心部署电容器或调相机,可以有效降低传输损耗,提高系统的经济效率和运行效果。

(3)根据电力系统远距离输电稳定性要求,控制枢纽点电压在规定水平。在长距离输电过程中,为了避免过电压或电压崩溃的问题,需要精确控制这些节点的电压。自动控制系统会监控电网的电压分布,并适时调整

无功功率输出，以保持电压在安全和稳定的范围内。这有助于防止电压相关的稳定性问题，如电压暂降或峰值过高，确保整个电力系统的可靠运行。

由于发电机是电力系统中最重要的无功电源，发电机的无功功率输出是通过其励磁电流来控制的，励磁控制系统因此成为电力系统电压和无功功率控制的核心执行子系统。励磁控制系统成为电力系统电压和无功功率自动控制中的重要组成部分。

七、电力系统安全自动控制

电力系统安全自动控制的主要目标是确保持续向用户提供合格电能，同时保障电力设备的安全。电力系统安全自动控制的主要内容涉及以下两个方面：

（一）安全分析

安全分析是对电力系统在潜在故障后是否能保持稳定供电的评估。在电子计算机被广泛应用于电力系统调度之前，安全分析主要依赖于"事故预想"方法，即人工预测可能的系统故障并分析其对系统安全性的影响。如果某种故障预测表明系统可能处于不安全状态，分析人员会设想一种新的运行方式，并再次评估这种方式的安全性，直至找到一个较为安全的解决方案。然而，人工预想的事故种类有限，且主要集中于对事故措施的假设。随着计算机技术的引入，安全分析逐渐实现自动化。计算机不仅可以承担更多的事故预想任务，还能迅速准确地分析各种运行状态下的安全风险，从而为电力系统的稳定运行提供实时的安全保障。自动化安全分析进一步细分为静态安全分析和动态安全分析。静态安全分析关注系统在一定条件下的稳定性，而动态安全分析则评估系统在实际操作中对故障的响应能力。通过这样的系统化分析，电力系统的安全监控不仅更加全面，也更具前瞻性和响应速度，有效地提升了整个电力供应链的安全管理水平。

（二）安全控制

安全控制是通过各种调节、校正和控制手段确保系统的安全运行。安全控制包括常规安全调度控制、预防性安全调度控制、紧急状态下的安全控制及事故后的恢复控制。常规安全调度控制致力于维持电力系统运行参数在规定的安全范围内,确保系统的正常运行。预防性安全调度控制则通过提前识别潜在的系统风险并采取措施,防止由于系统故障而造成的严重损失。在电力系统遭遇紧急情况时,如频率或电压异常,实施紧急安全控制,包括频率紧急控制、电压紧急控制和系统稳定性控制,这些措施旨在快速响应以稳定系统状态,防止进一步的系统损害。事故后的恢复控制则关注快速有效地恢复电力系统至正常运行状态,减少故障带来的影响。整体上,安全控制通过一系列综合措施保障电力系统的稳定性和安全性,从而为用户提供可靠的电力供应,并确保电网运行的连续性和效率。

第三节 电力系统自动化的发展

一、电力系统自动化的发展历程

电力系统自动化的发展经历了以下几个阶段,如图 2-2 所示。

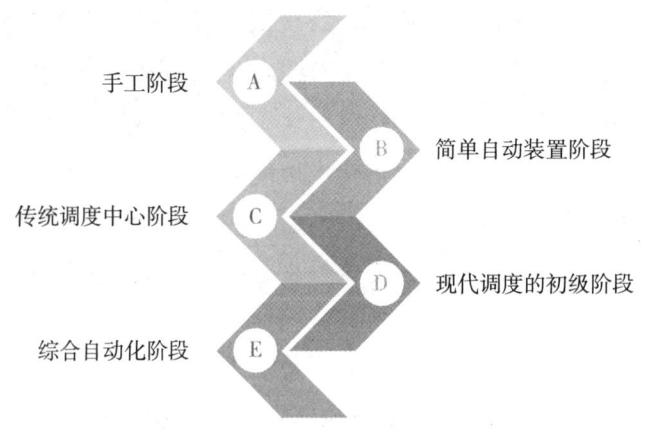

图 2-2 电力系统自动化的发展历程

(一)手工阶段

在电力工业的萌芽时期,发电厂通常建在用户附近,以便就近供电。由于电厂规模较小,运行人员可以在发电机、开关设备等电力元件旁监视设备状态并进行手工操作。这种操作方式依赖运行人员的素质和精神状态,工作效率和安全性受到较大影响。在日常操作中,运行人员需要频繁地进行巡检和手动操作设备,这不仅增加了工作强度,还对操作的准确性提出了较高的要求。此外,在发生电力事故时,由于依赖人工监测和操作,运行人员往往不能及时做出反应,容易导致事故的扩大和系统的进一步损坏。手工阶段电力系统的自动化程度极低,所有操作均需人工干预,缺乏有效的监控和保护手段。随着电力需求的增长和电力系统规模的扩大,手工操作的局限性逐渐显现,无法满足日益复杂的电力系统运行要求。因此,如何提高电力系统的自动化水平,减少对人工操作的依赖,成为当时技术发展的重要方向。

(二)简单自动装置阶段

随着用电需求的增加,电力系统中发电设备的数量越来越多,对电能质量和安全性的要求也逐步提高,传统的人工监视和操作已无法满足电力系统的运行需求,简单自动装置应运而生,标志着电力系统从完全依赖人工操作向初步自动化过渡。

简单自动装置是针对特定功能设计的自动化设备,能够在一定程度上提高系统的响应速度和运行可靠性。比如,故障自动切除装置能够迅速检测并隔离故障,防止故障扩散,保护其他设备的安全运行;自动操作和调节装置用于维持发电设备的稳定,通过自动调整参数来保证电能的质量;远距离信息传输装置能够实时传输运行数据,使得管理人员可以远程监控和管理电力系统。这些装置减轻了运行人员的负担,提高了操作的准确性和及时性。尽管这些单功能自动化设备在功能上取得了显著进步,但它们仍然是独立运作的,缺乏整体协调和综合管理的能力。每个装置只针对特定任务,无法实现系统间的信息共享和统一控制,限制了整体系统的智能化和集成化发展。

（三）传统调度中心阶段

随着电力需求的增长和电力系统的发展，为了提高供电的可靠性和运行的经济性，孤立的电力系统逐步连接起来，形成了跨地区的电力系统。由于每个发电厂和变电站的运行人员只能掌握本厂（站）的运行情况，而对系统内其他厂（站）的运行状况和电力系统的整体结构缺乏了解，跨地区电力系统的出现迫切需要一个统一的机构来进行管理和指挥。这个机构被称为电力系统调度所或电力系统调度中心，旨在对整个电力系统的运行进行综合管理和协调。电力系统调度中心的建立，使得对各发电厂出力的合理调度和对异常情况的及时处理成为可能。调度中心的任务是通过集中管理来优化资源配置，确保电力系统的稳定运行，并在事故发生时能够迅速做出反应，防止事故扩大，保障电力供应的连续性和安全性。调度中心需要全面了解系统内所有发电厂和变电站的运行状态，以便在全局范围内进行优化调度。

在传统调度中心阶段，由于受到通信技术的限制，主要依赖电话进行调度。调度员通过电话向各发电厂和变电站的运行值班人员收集运行状态信息，如电压、负荷、频率等关键参数。调度员根据这些有限的信息，以及自身的知识和经验，做出调度决策，然后通过电话将决策通知各发电厂和变电站的运行人员，由他们在现场执行操作。这种依赖电话通信的方式存在明显的局限性，信息传递的实时性和准确性受到很大影响。

传统调度方式下，调度员需要具备丰富的经验和敏锐的判断力，以弥补信息不对称带来的不足。然而，由于信息传递的延迟和不完整，调度决策的科学性和及时性难以得到保障，常常影响电力系统的运行效率和安全性。尽管如此，传统调度中心的建立仍然是电力系统自动化发展的重要一步，它标志着电力系统从分散管理向集中调度的转变。

（四）现代调度的初级阶段

随着通信技术的发展，远距离信息自动传输装置开始出现。这些装置能够将电力系统中设备的运行参数及投运和切除情况自动传输到调度中心，调度中心能够实时获取整个电力系统的最新运行状态和设备状况，极大地提高了信息传递的效率和准确性。此外，远距离信息自动传输装置还可以将调度中心的决策自动传输到各发电厂和变电站，进行设备的调节和控制，调度员能够远程下达指令，对电力系统设备进行精确控制和调度，提升了调度的实时性和可靠性，减少了对人工操作的依赖。通过以上功能，现代调度初级阶段成功满足了电力系统调度的基本要求。

（五）综合自动化阶段

随着电网规模迅速扩大，电力系统的结构和运行方式变得愈加复杂。面对大量不断变动的实时数据，单一功能的自动化装置在应对复杂的系统运行要求时显得力不从心。因此，自动化程度更高的综合自动化系统应运而生。这些系统将多个独立的自动化装置通过通信信道或网络连接起来，实现信息共享和相互协调，从而自动完成指定的功能。

电力系统自动控制系统将电力系统的自动控制装置、远动装置和通信装置有机地结合在一起，形成一个规模庞大的自动化网络。

电力系统的信息（包括运行结构、参数和事故状态等）通过远动装置的遥信（YX）、遥测（YC）功能及通信装置传送到调度中心的调度计算机。远动装置的主要功能是采集电力系统中的各类实时数据，确保调度中心能够获取全面而精确的信息。在调度计算机中，首先对远动传来的信息进行处理，生成表征电力系统运行状态的完整而准确的信息，然后根据电力系统的运行结构，求出表征实时运行状态的数学模型。这些模型是对电力系统当前状态的抽象和量化，能够帮助调度人员和自动化系统更好地理解和预测电网的行为。在此基础上，调度计算机根据电力系统的运行要求，制定出控制电力系统的决策。调度计算机做出的控制决策通过远动装置的遥控（YK）、遥调（YT）功能及通信装置传送回电力系统。电力系统中的自动装置接收到调度计算机传来的遥控和遥调信息后，执行相应的操作，对电力系统的运行结构和参数进行调整。

这种信息传递和控制决策的过程是连续和实时进行的。电力系统中的自动装置在执行控制决策后，新的运行状态和参数信息通过远动装置的遥信和遥测功能再次传送到调度中心的调度计算机。调度计算机接收到新的信息后，再次进行处理和分析，更新电力系统的运行模型，并制定新的控制决策。这个循环过程周而复始，不断进行，确保电力系统的各个部分始终处于最佳运行状态。电力系统自动控制系统能够实现对众多发电机组和电力设备的实时监视和控制，不仅提高了电力系统的运行效率和可靠性，还增强了应对突发事件的能力，为现代电力工业的发展提供了强有力的技术支持。

二、电力系统自动化的发展趋势

（一）电力系统自动化控制技术的发展趋势

第一，在控制策略上，正向最优化、适应化、智能化、协调化和区域化方向发展。最优化控制策略通过数学模型和算法，优化电力系统的运行效率和资源配置。适应化控制策略能够根据电力系统的动态变化，实时调整控制参数，以应对各种运行条件和突发事件。智能化控制策略借助人工智能和机器学习技术，提升系统的自主决策能力，减少人工干预。协调化和区域化发展则强调电力系统中各个子系统之间的协同工作和区域电网的独立调控，确保系统的整体稳定性和可靠性。

第二，在设计分析上日益要求面对多机系统模型来处理问题。多机系统模型能够更加准确地反映电力系统的复杂性和多样性，提供更全面的系统行为分析。面对多机系统模型，设计和分析需要考虑多个发电机组及其相互影响，提升系统分析的精确度和可靠性。这一趋势要求工程师在设计阶段就要综合考虑系统的动态性能和稳定性，利用更复杂的仿真和建模工具，确保设计方案能够满足实际运行需求。

第三，在理论工具上越来越多地借助于现代控制理论。现代控制理论包括状态空间分析、最优控制、鲁棒控制和非线性控制等方法，能够为电力系统的自动化控制提供强有力的理论支持。这些理论工具帮助工程师解决复杂的控制问题，优化控制策略，提高系统的稳定性和加快响应速度。例如，状态空间分析方法可以对电力系统进行全面的动态分析，最优控制方法能够在满足约束条件的情况下实现最优性能，鲁棒控制方法则增强了系统对不确定性的抵抗能力。

第四，在控制手段上，微机、电力电子器件和远程通信技术的应用日益增多。微机技术的进步使得电力系统的控制和监测更加精准和高效。电力电子器件的发展，如高压直流输电（HVDC）和柔性交流输电系统（FACTS），提高了电力系统的灵活性和可靠性。远程通信技术则确保了调度中心与各发电站和变电站之间的信息实时传递和远程控制，提升了系统的反应速度和管理效率。这些先进控制手段的结合，使电力系统自动化控制技术向更加智能、高效和可靠的方向发展。

（二）整个电力系统自动化的发展趋势

第一，由开环监测向闭环控制发展。在开环监测中，系统只能被动地监视运行状态，无法实时调整控制参数。而闭环控制则通过实时反馈机制，根据系统状态的变化自动调整控制策略，以维持电力系统的稳定和高效运行。例如，自动发电控制（AGC）在接收到电网频率和负荷变化的信息后，能够自动调节发电机的输出功率，确保系统频率的稳定。闭环控制的应用不仅提高了电力系统的动态响应能力，还增强了系统的抗扰动能力，能够更有效地应对突发事件和运行中的不确定性。

第二，由高电压等级向低电压等级扩展。传统的电力自动化系统主要集中在高电压输电层面，如能量管理系统（EMS）用于高压电网的调度和优化。然而，随着配电网的重要性日益增加，配电管理系统（DMS）逐渐得到应用，专注于中低压配电网络的自动化控制和管理。DMS系统能够实现配电网的故障定位、隔离和恢复，提高配电系统的可靠性和供电质量。此外，随着分布式能源和微电网的兴起，低电压层级的自动化需求进一步增加，使得电力系统的自动化覆盖范围更加全面和深入。

第三，由单一功能向多功能一体化发展，特别是在变电站综合自动化领域。早期的变电站自动化系统通常只具备单一功能，如保护或测量。而现代综合自动化变电站系统集成了保护、测量、控制、监视和通信等多项功能，实现了一体化管理。这种多功能一体化系统不仅简化了设备配置和维护，提高了系统的可靠性和效率，还增强了变电站的智能化水平。通过综合自动化系统，调度中心能够全面掌握变电站的运行状态，实时进行远程控制和调整，进一步提升电力系统的整体管理水平。

第四，由单个元件向全系统发展。早期的自动化技术主要集中在单个元件或设备的自动化，如变压器或发电机组的自动控制。随着技术的发展，自动化系统逐步扩展到部分区域和整个电力系统。例如，监控和数据采集系统（SCADA）实现了对电网各个部分的全面监控和数据收集，使调度中心能够实时监视和管理整个电网的运行状态。区域稳定控制系统（RCS）通过协调不同区域的电力系统运行，增强了区域间的协同能力，提高了电网的整体稳定性和安全性。

第五，电力系统自动化装置性能的发展正向数字化、快速化和灵活化方向迈进。数字化技术的应用显著提升了电力系统设备的精度和可靠性。继电保护技术的演变就是一个典型的例子。传统的机械式继电保护装置由于响应速度慢、精度低和维护复杂，逐渐被数字化保护装置取代。数字化继电保护装置利用微处理器技术，能够快速准确地检测和处理故障信号，大幅度提高了故障响应速度和保护的精度。此外，数字化技术还使得保护装置能够记录和分析大量的故障数据，为故障诊断和系统优化提供重要支持。此外，随着电力系统规模的扩大和运行复杂性的增加，设备需要更快的响应速度来应对各种突发事件。快速化技术的应用不仅提高了系统的稳定性，还减少了故障对系统运行的影响。例如，现代高压直流输电（HVDC）系统采用快速控制技术，能够在毫秒级别内调整电流和电压，确保系统的稳定运行。灵活化的发展趋势则体现在设备的适应能力和可配置性上。现代电力系统需要具备处理多种运行工况和故障情况的能力，灵活化技术使得设备能够根据不同的运行需求进行调整和配置。例如，柔性交流输电系统（FACTS）通过灵活控制电力系统的无功功率和电压，提高了系统的稳定性和传输能力。

第六，电力系统自动化追求的目标向最优化、协调化、智能化发展。最优化控制技术通过数学模型和算法，优化电力系统的各项运行参数，以实现资源的高效利用和损耗的最小化。例如，励磁控制系统通过最优算法调节发电机的励磁电流，确保发电机在不同运行状态下都能稳定运行，同时最大限度地提高发电效率和降低损耗。协调化的发展趋势体现了电力系统内各个子系统和设备之间的协同工作能力。随着电力系统的复杂性增加，各个部分的独立优化已经不能满足整体系统的优化需求。潮流控制技术通过协调不同发电厂和变电站的功率流向，优化电力的传输路径和分配，避免过载和损耗，提高系统的整体运行效率和稳定性。此外，协调化还增强了系统的抗扰动能力和故障恢复能力，通过多层次、多维度的协同控制，确保电力系统在各种工况下都能安全稳定运行。智能化是电力系统自动化发展的重要方向。智能化技术利用人工智能和大数据分析，提升系统的自我学习和自我优化能力。例如，智能电网通过实时监测和分析电力系统的运行数据，能够自主调整运行参数，优化资源配置，预测并防范潜在的故障和风险。智能化还使得电力系统能够更好地适应分布式能源和可再生能源的接入，提高系统的灵活性和适应性。总的来说，向最优化、协调化和智能化发展的目标，使得电力系统自动化能够更高效地管理和控制电力系统，确保系统的安全、稳定和高效运行。

第七，电力系统自动化的发展不仅关注运行的安全、经济和效率，还逐渐向管理和服务的自动化方向扩展。例如，管理信息系统（MIS）的应用，使得电力系统的管理更加高效和科学。MIS通过整合各类运营数据和信息，为管理人员提供全面、实时的决策支持，提高了管理效率和决策的科学性。MIS系统可以对电力系统的运行状态、设备维护、客户服务等各方面进行综合管理，优化资源配置，降低运营成本。服务自动化的发展趋势使得电力系统能够更好地满足客户需求，提高客户满意度。现代电力系统自动化技术不仅关注电力的生产和传输，还重视用户侧的管理和服务。例如，智能电表和用户管理系统的应用，使得用户能够实时监测和管理用电情况，实现智能化用电。用户可以通过手机应用或网络平台查看用电量、费用和能效信息，优化用电习惯，降低用电成本。此外，自动化客服系统通过智能客服和在线服务平台，为用户提供24小时不间断的服务，提升客户体验。

三、电力系统自动化发展的新技术

随着计算机技术、通信技术和控制技术的不断进步,现代电力系统已经发展成为一个集计算机(Computer)、控制(Control)、通信(Communication)和电力装备及电力电子(Power System Equipments and Power Electronics)于一体的综合系统,简称为"CCCP"。当前,电力系统自动化领域正在发展3项具有变革性的重要新技术:电力系统的智能控制、柔性交流输电系统(FACTS)和分布式柔性交流输电系统(DFACTS)及基于GPS统一时钟的新一代能量管理系统(EMS)和动态安全监控系统。这些新技术正在对电力系统自动化产生深远的影响。

(一)电力系统的智能控制

电力系统的智能控制代表了现代控制理论发展的新阶段,旨在解决传统方法难以应对的复杂系统控制问题。智能控制特别适用于那些具有模型不确定性、强非线性和高度适应性要求的复杂系统。在电力系统工程中,智能控制技术展现出广阔的应用前景。例如,快关汽门的人工神经网络适应控制,通过自学习和自适应机制,能够在故障发生时迅速响应,减少事故对系统的影响。基于人工神经网络的励磁和快关综合控制系统,能够实时调整发电机的励磁电流,提高系统的稳定性和动态性能。多机系统中的ASVG(新型静止无功发生器)自学习功能,利用人工智能技术,自主学习和优化控制策略,改善系统的无功功率平衡,增强电力系统的稳定性和可靠性。总体而言,智能控制在电力系统中的应用,不仅能够提高系统的自动化水平,还可以增强系统对各种复杂运行环境的适应能力,推动了电力系统向更加智能和高效的方向发展。

(二)FACTS 和 DRACTS

柔性交流输电系统(FACTS)是一种利用电力电子器件实现对交流输电系统的灵活控制的技术。FACTS技术通过控制电力系统中的关键参数,如电压、相位角和阻抗等,来改善电力传输能力、稳定性和可靠性。

FACTS设备包括静止同步补偿器(STATCOM)、统一潮流控制器(UPFC)和可控串联补偿器(TCSC)等。这些设备可以快速响应系统变化,进行实时调节,增强系统的动态性能。STATCOM通过快速调节无功功率来维持系统电压的稳定,UPFC则能够同时控制线路的电压、相位角和阻抗,实现对电力潮流的全面控制。FACTS技术在电力系统中的应用,不仅可以提高输电线路的容量,减少线路损耗,还能够增强系统的稳定性和抗扰能力,降低故障影响。通过灵活的电力流控制,FACTS可以有效缓解输电瓶颈,优化资源配置,提高电网的整体运行效率。

分布式柔性交流输电系统(DFACTS)是FACTS技术的进一步发展,强调分布式配置和控制。与集中式的FACTS设备不同,DFACTS设备通常较小,部署在电网的各个节点上,通过协同工作,实现对整个电网的全面控制和优化。DFACTS技术利用多个小型电力电子装置,如分布式电容器、分布式电抗器和分布式储能系统,通过分布式控制策略,实现对电力系统的局部优化和全局协调。DFACTS设备的分布式特性使其具有更高的灵活性和适应性,能够更有效地应对电网中的局部扰动和变化。DFACTS系统可以快速响应局部负荷的变化,进行电压调节和无功功率补偿,提高电力系统的稳定性和可靠性。此外,DFACTS还可以与可再生能源发电系统集成,优化分布式能源的接入和消纳,促进能源结构的优化和低碳发展。通过分布式控制和协同优化,DFACTS技术为电力系统提供了更高效、更可靠的解决方案,推动电网向更加智能化和分散化的方向发展。

(三)基于GPS统一时钟的新一代EMS和动态安全监控系统

1.基于GPS统一时钟的新一代EMS

基于GPS统一时钟的新一代能量管理系统(EMS)利用全球定位系统(GPS)提供的高精度时间同步功能,为电力系统的各项操作和数据处理提供统一的时间基准。传统的EMS在进行数据采集和控制时,往往由于时间不同步导致信息延迟和数据误差,影响系统的整体性能和决策的准确性。通过引入GPS统一时钟,EMS可以实现毫秒级的时间同步,确保所有设备和系统操作在同一时间基准下进行。这种高精度的时间同步能力使 EMS 能够更加精准地监测和控制电力系统的运行状态。实时数据采集的准确性显著提升，调度中心可以更及时地获得各个节点的电压、电流、频率等关键参数信息，从而做出更为科学的调度决策。此外，基于 GPS 统一时钟的 EMS 在事故分析和故障定位方面也具有明显优势。通过同步的时间戳，系统能够准确记录和分析故障发生的时间和位置，提高故障处理的效率和准确性。

2.基于 GPS 统一时钟的新一代动态安全监控系统

基于 GPS 统一时钟的新一代动态安全监控系统利用 GPS 提供的精确时间同步功能，对电力系统的运行状态进行实时监控和安全评估。该系统通过在整个电力网络中部署高精度的同步相量测量单元（PMU），实现对电压、电流、相角等电力参数的实时监测。由于所有 PMU 都依赖 GPS 时钟进行同步，这些参数的时间戳精度可以达到毫秒级，从而保证数据的一致性和准确性。这种高精度的时间同步能力使得动态安全监控系统能够更加有效地识别和分析电力系统中的动态变化。此外，系统可以实时捕捉电力网络中的振荡、稳定性问题和异常事件，并通过同步的数据进行精确定位和分析。基于这些实时数据，监控系统可以快速评估电力系统的安全状态，预测潜在风险，并采取相应的预防措施。基于 GPS 统一时钟的动态安全监控系统还具备强大的故障诊断和恢复能力。在发生故障时，系统能够通过同步的测量数据快速定位故障点，并提供详细的故障分析报告，帮助运维人员及时处理故障，恢复系统正常运行。

第三章 电力系统频率及有功功率的自动控制

第一节 电力系统频率及有功功率控制的必要性

一、电力系统频率控制的必要性

(一) 频率对电力用户的影响

电力系统频率控制对用户尤其重要,可以从以下三个具体方面加以说明:

1. 电力系统频率对工业生产质量的影响

在许多精密制造行业中,如纺织和造纸,生产设备对机械转速的稳定性有极高的要求。电力系统频率的变动直接影响异步电动机的转速,从而影响到生产线上机械的运转速度。频率的微小波动都可能导致加工精度的偏差,进而影响最终产品的质量。例如,在纺织行业中,转速的不稳定会影响线材的张力,进而影响到布料的均匀性和强度。在造纸行业,纸张的均匀厚度和质地也会受到转速波动的影响。因此,电力系统频率的精确控制对于保证产品质量,减少次品率,确保生产效率至关重要,尤其是在那些依赖连续生产线的工业应用中。

2.电力系统频率对电子设备性能的影响

系统频率的稳定性对电子设备的运行至关重要，尤其是那些依赖特定时钟频率的测量和控制设备。频率波动可以导致这些设备的时钟和计时功能出现偏差，进而影响其操作的准确性和可靠性。在科研、医疗及国防工业等领域，频率的稳定直接关系到设备性能和任务的成功率。例如，在科学实验中，精确的测量设备如频率计和时序控制系统若因电网频率波动而失准，可能导致实验结果的误差。因此，保持电力系统频率的稳定不仅是保证设备正常运行的要求，更是确保关键行业能高效、安全运行的基础。

3.电力系统频率对电动机及其驱动设备的影响

电动机作为许多工业和商业应用的核心动力源，其性能直接受到电力系统频率的影响。当电力系统的频率降低时，电动机的转速及输出功率同样会下降。这种下降会直接影响到电动机驱动的各类机械设备的性能，如风机、泵和其他机械设备，这些设备的转速降低和输出功率减少可能导致生产效率下降，甚至影响整个生产流程的稳定性。在一些要求高度自动化和连续生产的工业应用中，电动机的稳定运行是生产效率和产品质量的关键。因此，通过精确的频率控制，不仅可以提高设备运行的效率，还能延长设备的使用寿命，减少维护成本。

（二）频率对电力系统的影响

第一，频率降低可能导致电力系统中的汽轮机叶片振动变大，轻则会缩短设备的使用寿命，重则可能导致设备发生裂纹或断裂，特别是当频率接近或达到设备共振频率时，风险显著增加。对一个额定频率为 50 Hz 的电力系统，当频率降至约 45 Hz 时，某些汽轮机的叶片可能因共振而断裂，从而引发严重的机械事故。这类事故不仅会导致巨大的经济损失，还可能威胁到人员安全，并影响到电力供应的稳定性。

第二，当电力系统的频率下降到 47～48 Hz 时，由异步电动机驱动的关键厂用机械，如送风机、吸风机、给水泵、循环水泵和磨煤机的出力会随之降低。这导致火电厂锅炉和汽轮机的出力减少，进而使得发电机的有功功率输出下降。如果这种下降趋势不能及时被制止，可能在短时间内引发所谓的"频率雪崩"，此现象会迅速使系统频率降至危险水平，造成大面积停电，甚至可能导致整个电力系统的崩溃。

第三，在核电厂中，反应堆冷却介质泵对供电频率的稳定性有极高的要求。这些泵是核反应堆安全运行的关键组件，负责持续循环冷却液以控制反应堆温度。当电力系统的频率降至特定阈值时，为了安全考虑，冷却介质泵会自动停止工作，进而导致反应堆停止运行。这种设计是为了在电力供应不稳定时自动采取保护措施，防止可能的过热或其他危险情况。频率控制在此起到了决定性的安全保障作用，不仅关系核电厂的正常运作，更涉及广泛的公共安全和环境保护。

第四，当电力系统的频率下降时，会直接影响到异步电动机和变压器的运行效率。频率的降低导致这些设备的励磁电流增加，从而增加了无功损耗，引起系统整体电压下降。此外，频率的降低还会导致励磁机的出力下降，使发电机的电势下降，进一步导致整个系统的电压水平降低。如果电力系统的原始电压水平本身就偏低，频率进一步下降可能会触发电压雪崩现象，即电压快速且持续下降的过程，这种情况如果不及时控制，可能会导致大面积停电甚至系统崩溃。因此，频率控制不仅是电力质量的问题，更是影响电力系统稳定性和可靠性的关键因素。

二、电力系统有功功率控制的必要性

（一）维持电力系统频率在运行范围之内

电力系统的频率基本上是由所有并联运行的发电机组所产生的有功功率总和与系统内所有负荷（包括由于传输和分配引起的网损）消耗的有功功率总和之间的平衡来维持的。在理想状态下，这两者之间的平衡应该是完美匹配的，从而使系统运行在额定频率。然而，实际情况是电力系统的负荷是不断变化的，这种变化可能由多种因素引起，如季节变化、工业生产的波动或日常消费模式的变更等。当负荷增加而发电量未相应增加时，系统的有功功率平衡被打破，导致频率下降；相反，如果发电量增加而负荷没有相应的增长，系统频率则会上升。频率的任何偏离都可以影响到电力系统的稳定运行，甚至可能导致电力系统的部分或全面崩溃。因此，有功功率控制的任务是通过调节发电机组的原动机输入功率，及时响应负荷变化，恢复发电与负荷之间的平衡。这种控制通常涉及自动化系统，自动化系统能够监测实时数据并快速调整发电量，以应对即时的负荷变化。当系统检测到频率下降时，控制系统会自动增加发电量或减少一部分非关键负荷，以此抵消负荷增加的影响。同样，如果频率过高，控制系统可以减少发电量或增加负荷。

通过这样的有功功率控制，电力系统不仅能保持其频率在安全和效率的最佳范围内运行，还可以提高整个系统的可靠性。

（二）提高电力系统运行的经济性

首先，有功功率控制能够优化发电机组的运行，确保各发电单元根据其运行成本和效率进行调度。通过精确的有功功率调度，可以优先使用成本较低、效率较高的发电单元，同时减少对成本较高或效率较低发电单元的依赖。这种调度策略有助于减少整个系统的运行成本，实现经济最优化。其次，有功功率控制还可以降低因频率和电压不稳定导致的能量损失。频率和电压的波动会导致发电效率下降和传输损失增加，从而增加电力生产的总成本。通过维持系统频率和电压的稳定，有功功率控制有助于减少这些不必要的能量损失，提高系统的能效。最后，有功功率控制为电力市场的有效运作提供支持。在电力市场中，电力的价格通常根据供需关系来确定。通过调节有功功率，可以在需求高峰时增加供应，或在供应过剩时减少发电，从而有助于稳定电力价格，避免价格的剧烈波动。

（三）保证联合电力系统的协调运行

联合电力系统通常涉及多个发电站和电网相互连接，这种结构增加了运行的复杂性，尤其是在电力负荷和供应管理上。在联合电力系统中，有功功率控制的主要任务是确保所有连接网络之间的平衡和谐运行，避免区域间出现供电不足或过剩的情况。

首先，有功功率控制帮助实现各个联网区域间的电力平衡。通过精确调整各发电单元的输出，可以确保电力从供应充足的地区向需求较高的地区流动，从而优化整个系统的电力分布。这种跨区域的电力调配不仅提高了资源的使用效率，还增强了系统对局部负荷变化的响应能力。其次，有功功率控制对维持系统频率稳定起到核心作用。在联合电力系统中，各个区域的频率需要保持一致，任何单一区域的频率波动都可能影响到整个系统。通过协调控制各个区域的发电输出，有功功率控制系统可以有效调节和维持整个联网系统的频率稳定，避免因频率不匹配引发的电力质量问题或更严重的系统故障。此外，有功功率控制还支持电力系统在应对突发事件时的灵活性和稳定性。例如，某一区域的电站故障时，控制系统可以迅速调整其他区域的发电量，以补偿损失，确保电力供应的连续性。这种快速响应能力是联合电力系统高效运行的保障，也是防止大规模电力中断的关键。

第二节　电力系统频率特性

电力系统的频率特性为频率调整提供了基础。这里的频率特性主要指的是有功功率与频率之间的静态关系，通常被称为功频静态特性。分析电力系统的频率特性时，首先需要探讨其基本组成单元——负荷和发电机组的功率与频率的关系。

一、电力系统负荷的频率特性

在电力系统中，频率的稳定性对整个系统的运行至关重要。频率的变化直接影响到系统中的有功功率负荷。当系统处于稳态运行时，有功负荷随频率变化的行为被称为负荷的静态频率特性。

负荷的静态频率特性可以根据有功功率需求与频率变化的关系分类，主要包括以下5种类型：

（1）与频率变化无关的负荷。例如照明、电阻炉、整流负荷等。这些负荷对频率的变动不敏感，其消耗的功率基本保持不变。

（2）与频率一次方成正比的负荷。如压缩机、切削机床等，这些设备的功率需求随频率的增加而增加。频率每变化一单位，其功率消耗变化与频率变化成正比。

（3）与频率二次方成正比的负荷。例如变压器中的涡流损耗，这些损耗随频率的增加以二次方的速率增加。频率的微小变化可导致较大的功率需求变化。

（4）与频率的三次方成正比的负荷。如通风机、静水头阻力不大的循环水泵等。这类设备的功率需求随着频率的增加而以三次方的速率增加。

（5）与频率的更高次方成正比的负荷。如静水头阻力很大的给水泵等。

实际上，系统负荷是上述各种类型负荷的组合，通常称为综合负荷。综合负荷中的有功功率与频率之间的关系可以表示为：

$$P_\mathrm{D} = a_0 P_\mathrm{DN} + a_1 P_\mathrm{DN}\left(\frac{f}{f_\mathrm{N}}\right) + a_2 P_\mathrm{DN}\left(\frac{f}{f_\mathrm{N}}\right)^2 + a_3 P_\mathrm{DN}\left(\frac{f}{f_\mathrm{N}}\right)^3 + \cdots + a_n P_\mathrm{DN}\left(\frac{f}{f_\mathrm{N}}\right)^n \quad （式3-1）$$

其中，P_D 代表系统频率为 f 时整个系统的有功负荷；P_DN 代表系统频率等于额定值 f_N 时整个系统的有功负荷；a_n 为与频率的 i 次方成正比的负荷占 P_LN 的比例系数。显然

$$a_0 + a_1 + a_2 + a_3 + \cdots a_n = 1 \quad （式3-2）$$

由此可见，负荷的静态频率特性曲线总体上是非线性的。

然而，在实际应用中，当频率的偏移相对于额定值较小时，负荷频率特性通常可以用一条向上倾斜的直线来近似描述（图3-1）。这意味着在额定频率附近，系统负荷与频率之间存在线性关系。具体来说，当系统频率降低时，负荷功率也相应减小；当系统频率上升时，负荷功率则增大。这表明，在电力系统的有功功率失衡导致频率变动时，系统负荷会参与到频率的调整中，通过这种调整有助于在新的频率水平上重新达到有功功率的

平衡。这种现象被称为负荷的频率调节效应。

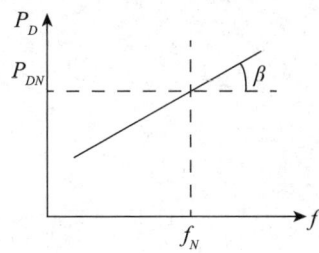

图 3-1　负荷的功频特征曲线

为了量化负荷调节效应的程度，我们定义了一个指标，即负荷的频率调节效应系数 K_D，其表达式如式 3-3 所示：

$$K_D = \frac{\Delta P_D}{\Delta f}(\text{MW}/\text{Hz}) \qquad （式 3-3）$$

用标幺值表示为

$$K_{D^*} = \frac{\Delta P_D / P_{DN}}{\Delta f / f_N} = \frac{\Delta P_{D^*}}{\Delta f_*} = K_D \frac{f_N}{P_{DN}} \qquad （式 3-4）$$

关于 K_{D^*} 有以下说明：

（1）K_D 的值取决于系统中各类负荷的相对比例，因此在不同系统或相同系统的不同时刻，K_D 值会有所变化。

（2）实际中 K_D 的常见取值范围是 1～3。这意味着当系统频率变化 1% 时，负荷的有功功率将相应变化 1%～3%。

（3）K_D 的具体数值通常通过实际测试或计算获得。

（4）K_D 是调度部门必须掌握的数据，因为它是制定频率减负荷方案和在低频率事故时采取一次性切除负荷以恢复频率的计算基础。

二、发电机组的频率特性

发电机组的功率与电力系统频率之间的关系是通过调速系统来调控的。该系统负责调整原动机（如汽轮机或水轮机）的进汽量或进水量，从而改变发电机的输出功率，以响应系统负荷的变化。这种由系统频率变化引起的发电机输出功率变化的关系被称为发电机组的功率—频率特性或静态调节特性。

装有调速器的发电机的频率特性通常可以用一条向下倾斜的直线来近似表示，如图 3-2 所示。

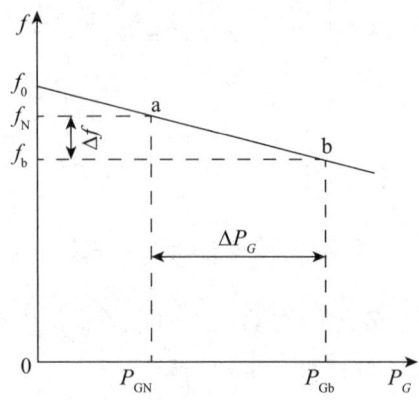

图 3-2　发电机组的功频特征曲线

从图 3-1 中可以观察到，当发电机以额定频率 f_N 运行时（对应图中的点 a），其输出功率是 P_{GN}。随着负荷增加，频率降低到 f_b，此时调速器感应到频率的下降，并调整发电机组的输出功率增加到 P_{Gb}（对应图中的点 b）。因此，当频率下降 Δf 时，发电机组的输出功率增加了 ΔP_G。为了描述发电机组静态调节特性的倾斜程度，引入了调差系数的概念。这个系数衡量了发电机输出功率对频率变化的响应敏感度，是理解和评估发电机调速性能的关键参数。

发电机组的调差系数具体表示为

$$\delta = -\frac{\Delta f}{\Delta P_G} \tag{式 3-5}$$

其中的负号是因为 Δf 与 ΔP_G 的符号相反。

也可以用标幺值表示为

$$\delta_* = -\frac{\Delta f / f_N}{\Delta P_G / P_{G.N}} = -\frac{\Delta f_*}{\Delta P_{G*}} \tag{式 3-6}$$

或表示为

$$\Delta f_* + \delta_* \cdot \Delta P_{G*} = 0 \tag{式 3-7}$$

式 3-7 又称为发电机组的静态调节方程。

三、电力系统的频率特性

电力系统的频率特性曲线同时考虑负荷及发电机组的调节效应，由负荷的功频特征曲线 $P_D(f)$ 与发电机组的功频特征曲线 $P_G(f)$ 相交得到，如图 3-3 所示。在频率为 f_1 时，负荷消耗的功率 P_D 与发电机组的发电功率 P_G 相等，即在图中 $P_D(f)$ 与 $P_G(f)$ 相交的 a 点就是电力系统频率的稳定运行点。

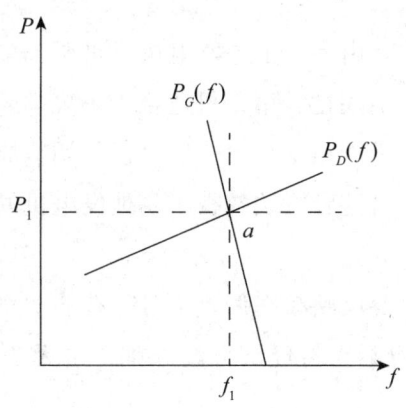

图 3-3 电力系统的功频特性曲线

第三节 电力系统自动调频方法和自动发电控制

一、电力系统自动调频方法

电力系统的自动调频（Automatic Frequency Control, AFC）方法用于确保电力系统的频率维持在允许的偏差范围内。与手动调频相比，自动调频能够实时反应并调整发电输出以匹配实际电力需求，从而减少人为延迟和操作错误，增强系统的整体稳定性和经济性。此外，自动调频装置能够实时监控系统状态，自动优化调度决策，有效管理跨区域电力交换，确保电网运行在最优状态。

在自动调频的发展过程中,人们已经尝试并应用了多种调频方法,包括:

(1)差调节法。一种基本的调频方法,依据频率和功率的偏差进行调整。差调节法的主要限制是它无法充分考虑到电网的动态特性和复杂性。单纯依赖偏差可能导致响应过度或不足,尤其是在负荷快速变化或大规模可再生能源并网的情况下,这种方法可能无法提供最优的系统稳定性和经济性。

(2)主导发电机法。由一个主导发电机负责调节整个系统的频率。该方法的局限性在于它的适用性较窄,只适合于小规模或较不复杂的电力系统。在大型或复杂的电力网络中,单一发电机的调节能力可能不足以应对整个系统的频率变化,且这种方法忽视了其他发电机的潜在贡献和系统的整体动态平衡。

(3)虚有差法。主要反映频率偏差信号,有功功率按固定比例在多个调频发电站间分配,但不支持经济分配原则,也无法控制区域间联络线功率。

以上几种方法已无法符合现代电力系统运行的基本要求,积差调节法成为更适合现代电力系统的调频方法。本节主要介绍积差调节法。

(一)积差调节法的基本原理

积差调节法通过调整系统频率偏差的累积值来维持频率稳定。假设系统中有一台发电机负责进行频率积差调节,其调节准则如下:

首先,需要检测当前频率 f 与目标频率 f_e 之间的偏差 Δf,其次对这一偏差进行积分,得到频率偏差的累积值 $\int \Delta f \, \mathrm{d}t$。基于这个累积值,调整发电机的输出功率,以补偿频率偏差,调节公式如下:

$$K\Delta P_R + \int \Delta f \, \mathrm{d}t = 0 \quad \text{(式3-8)}$$

其中,$\Delta f = f - f_e$ 表示系统频率偏差;ΔP_R 表示调频机组的有功出力增量;K 表示调频功率的比例系数。

积差调频过程可以用图 3-4 说明。

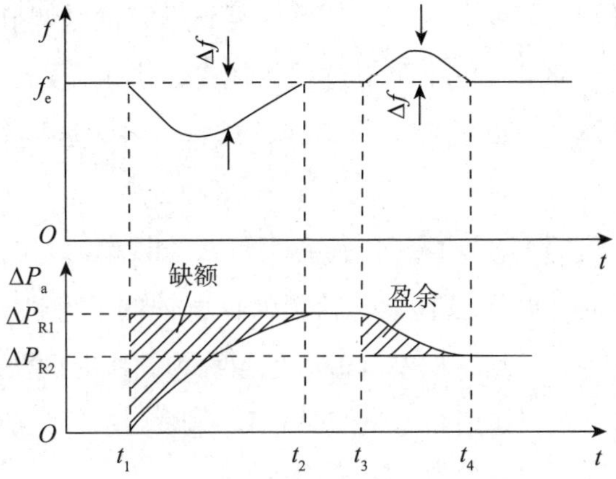

图 3-4 积差调频过程

在 $0 \sim t_1$ 时间段，$f = f_e$，$\Delta f = 0$，所以 $\int_0^{t_1} \Delta f \mathrm{d}t = 0$，则

$$\Delta P_R = -\frac{1}{K}\int_0^{t_1} \Delta f \mathrm{d}t = 0 \qquad （式3-9）$$

也就是调频机组的有功出力不变。

设 t_1 时出现了计划外的负荷增量，在 $t_1 \sim t_2$ 时间段，$f < f_e$，$\Delta f < 0$，所以 $\int_{t_1}^{t_2} \Delta f \mathrm{d}t < 0$，则

$$\Delta P_R = -\frac{1}{K}\int_0^{t_2} \Delta f \mathrm{d}t = -\frac{1}{K}\int_{t_1}^{t_2} \Delta f \mathrm{d}t = \Delta P_{R1} > 0 \qquad （式3-10）$$

也就是说调频机组通过增加有功出力，在频率下降至最低值后，逐步上升，直至 t_2 时刻恢复稳定。

在 $t_2 \sim t_3$ 时间段，调频机组增加的有功出力与计划外负荷增量相等，系统以额定频率稳定运行，此时频率偏差 $\Delta f = 0$，因此 $\int_{t_2}^{t_3} \Delta f \mathrm{d}t = 0$。在此期间，调频机组保持 t_2 时刻的有功出力，不再进一步增加。

设 t_3 时刻出现了计划外的负荷减少，在 $t_3 \sim t_4$ 时间段，$f > f_e$，$\Delta f > 0$，所以 $\int_{t_3}^{t_4} \Delta f \mathrm{d}t > 0$，则

$$\Delta P_R = -\frac{1}{K}\left(\int_{t_1}^{t_2} \Delta f \mathrm{d}t + \int_{t_3}^{t_4} \Delta f \mathrm{d}t\right) = \Delta P_{R1} - \frac{1}{K}\int_{t_3}^{t_4} \Delta f \mathrm{d}t = \Delta P_{R2} \qquad （式3-11）$$

也就是说调频机组的有功出力逐渐减少,直到 t_4 时刻,调频机组的出力增量再次与计划外负荷变化相等,频率恢复到额定值,调节过程再次结束。

积差调节法的特点是频率调节过程只能在频率偏差 $\Delta f = 0$ 时才能结束。如果 $\Delta f \neq 0$,积分 $\int \Delta f \mathrm{d}t$ 就会不断累积,式 3-8 将无法达到平衡,调节过程将持续进行。当调节过程结束时,$\Delta f = 0$ 且 $\int \Delta f \mathrm{d}t = K \Delta P_R = $ 常数。该常数与计划外负荷成正比。计划外负荷越大,系统频率偏差的积累值也越大,从而导致电时钟的计时误差越大。为了保证电钟的准确性,可以在夜间低谷负荷时进行补偿。因此,积差调节法也被称为同步时间法。

在电力系统中,当使用多台机组进行积差调频时,调节方程式为:

$$\left.\begin{array}{r}K_1 \Delta P_{R1} + \int \Delta f \mathrm{d}t = 0 \\ K_2 \Delta P_{R2} + \int \Delta f \mathrm{d}t = 0 \\ \vdots \\ K_n \Delta P_{Rn} + \int \Delta f \mathrm{d}t = 0\end{array}\right\} \quad (式 3\text{-}12)$$

式 3-12 可以变形为以下形式:

$$\Delta P_{Ri} = \frac{1}{K_i} \int \Delta f \mathrm{d}t \, (i = 1, 2, \cdots, n) \quad (式 3\text{-}13)$$

式中,i 表示系统中并联运行机组的序号。

通常认为系统中各点的频率是相同的,这是一个全系统统一的参数,因此各机组的 $\int \Delta f \mathrm{d}t$ 是相等的。设系统计划外负荷为 ΔP_D,则当多个机组参与积差调频时,每台机组根据其调节能力和预设参数来分担这一负荷变化。具体的调节方程式可以表示为:

$$\Delta P_D = \sum_{i=1}^{n} \Delta P_{Ri} = -\int \Delta f \mathrm{d}t \sum_{i=1}^{n} \frac{1}{K_i} \quad (式 3\text{-}14)$$

即

$$\int \Delta f \mathrm{d}t = \frac{\sum_{i=1}^{n} \Delta P_{Ri}}{\sum_{i=1}^{n} \frac{1}{K_i}} \quad (式 3\text{-}15)$$

将式 3-15 代入式 3-13 可以得到每台调频机组承担的计划外负荷

$$\Delta P_{Ri} = \frac{\Delta P_D}{K_i \sum_{i=1}^{n} \frac{1}{K_i}} = a_i \Delta P_D (i=1,2,\cdots,n) \qquad （式 3-16）$$

式 3-16 表明，在调节过程结束后，各调频机组按一定比例分担了系统的计划外负荷，使系统有功功率重新达到平衡，实现了无差调节。这种方法的缺点在于频率的积差信号滞后于频率瞬时值的变化，因此调节过程较为缓慢。为了改善这一点，可以在频率积差调节的基础上增加频率瞬时偏差调节信号，从而得到改进的频率积差调节方程式。

$$\Delta f + \delta_i \left(\Delta P_{Ri} + \alpha_i \int \beta \Delta f \, \mathrm{d}t \right) = 0 (i=1,2,\cdots,n) \qquad （式 3-17）$$

式中，$\Delta f = f - f_e$，为系统频率瞬时偏差；δ_i 为第 i 台调频机组的调差系数；α_i 为第 i 台调频机组的功率分配系数，$\sum_{i=1}^{n} \alpha_i = 1$；$\beta$ 为系统功率与频率的转换系数。

在式 3-17 中，Δf 项起到了加快调节过程的作用。当调节过程结束时，Δf 必须为零，否则 $\int \beta \Delta f \, \mathrm{d}t$ 将不断变化，调节过程将无法结束。最终，每台调频机组承担的有功出力变化量为：

$$\Delta P_{Ri} = -\alpha_i \int \beta \Delta f \, \mathrm{d}t (i=1,2,\cdots,n) \qquad （式 3-18）$$

由式 3-18 可得

$$\Delta P_D = \sum_{i=1}^{n} \Delta P_{Ri} = -\int \beta \Delta f \mathrm{d}t \sum_{i=1}^{n} \alpha_i = -\int \beta \Delta f \mathrm{d}t \qquad （式 3-19）$$

式 3-18 和式 3-19 表示调频结束后将把系统增加的负荷 ΔP_D 按一定比例在调频机制间进行分配。

（二）积差调节的实现方法

积差调节法通过调节各机组的有功出力来维持系统频率的精度，其效果取决于各调频机组频差积分信号数值的一致性。根据获得频差积分信号的方式不同，电力系统实现积差调节法有集中调频方式和本地调频方式两种主要方法。

1.集中调频方式

集中调频方式在系统调度中心设置一套高精度（可达 $10^{-9} \sim 10^{-7}$）的标准频率发生器，用来集中产生频差积分信号 $\int \beta \Delta f \, \mathrm{d}t$。调度中心根据该信号确定各调频发电厂应承担的负荷变化量，然后通过远动装置将此信号发送至各调频发电厂。各调频发电厂再根据运行方式将负荷变化量分配给各调频机组。

集中调频方式的优点在于所有调频发电厂的频差积分信号是一致的，确保了频率调节的准确性和协调性。由于所有发电厂接收到相同的信号，因此各发电厂可以根据统一的频率偏差信息进行负荷调整，确保系统频率的稳定性。这种方法的一个关键优势是能够集中控制和管理频率调节，提高了系统的整体响应速度和协调性。然而，集中调频方式也有其缺点。首先，需要依赖远动装置将信号传送至各发电厂，这增加了系统的复杂性和成本。远动装置的故障或信号传输的延迟可能会影响调频的效果。其次，集中调频方式对通信网络的可靠性要求较高，任何通信故障都会直接影响频率调节的效果。

2.本地调频方式

本地调频方式是在各调频发电厂就地产生频差积分信号，不需要远动装置即可实现计划外负荷在所有调频机组间的按比例分配。为了确保各调频机组所在地测得的 Δf 尽可能一致，避免频率偏差积分值的差异造成的功率分配误差，对标准频率的要求非常高。通常使用高精度的石英晶体振荡器，经过分频处理后得到标准频率信号。

本地调频方式的优点在于其独立性和灵活性。由于每个发电厂都可以独立产生频差积分信号，不需要依赖远动装置，这种方式减少了对通信网络的依赖，提高了系统的鲁棒性。在通信网络中断或受干扰的情况下，本地调频方式依然可以正常运行。此外，本地调频方式的实施相对简单，成本较低。然而，本地调频方式的挑战在于确保各发电厂生成的频差积分信号的一致性。由于各地的测量环境和设备可能存在微小差异，这些差异会累积成频率偏差积分值的差异，从而导致功率分配上的误差。为了克服这一问题，需要使用高精度的标准频率源，并进行严格的校准和同步。

二、自动发电控制

自动发电控制（Automatic Generation Control, AGC）是电力系统调度自动化系统中的一个关键实时控制功能，尤其在互联电力系统的运行中至关重要。AGC的主要目的是确保系统出力与系统负荷之间的匹配，保持系统频率在额定值，并使通过联络线的交换功率达到计划值。此外，AGC还致力于实现机组或电厂之间的负荷经济分配，以提高系统的整体效率和稳定性。

（一）自动发电控制的基本任务

具体来说，自动发电控制的基本任务有以下四点：

第一，确保整个系统的发电出力与实际负荷功率相匹配。这意味着在任何时刻，发电机组的总发电量应该等于系统的总负荷需求，包括所有用户负荷和系统损耗。通过实时监控和调整发电机组的出力，AGC可以动态响应负荷变化，确保电力供应的可靠性和稳定性，避免因供需失衡而引发的频率波动或电网不稳定。

第二，将电力系统的频率偏差调节到零，从而保持系统频率在额定值。电力系统的频率是衡量发电和负荷平衡的重要指标。通过实时监测系统频率，并根据频率偏差调整发电机组的出力，AGC可以纠正任何偏差，恢复系统的频率稳定。这不仅保证了电力质量，还防止了由于频率异常带来的设备损坏和系统不稳定。

第三，控制区域间联络线的交换功率，使其与计划值相等。每个电力区域不仅需要满足自身的负荷需求，还必须按照计划与其他区域进行电力交换。通过精确控制联络线的功率流，AGC可以确保各区域之间的电力交易按预定计划进行，维持区域间的供需平衡，避免由于功率交换失衡而导致的系统频率波动和经济损失。

第四，实现区域内各发电厂之间的负荷经济分配。在满足系统总需求的前提下，尽可能优化各发电厂的出力，以实现最低的运行成本。AGC通过考虑各发电厂的发电成本曲线和运行状态,动态调整各机组的负荷分配,使系统在高效运行的同时,降低燃料成本和发电损耗,从而提高整个电力系统的经济性和可持续性。

(二)自动发电控制系统的组成

自动发电控制是一个闭环反馈控制系统,它主要包括负荷分配器和机组控制器两个关键部分。

1.负荷分配器

负荷分配器是 AGC 系统的核心部分,负责根据系统频率和其他相关信号来确定各机组的设定有功出力。其工作过程如下:

首先,负荷分配器接收来自 SCADA 系统的实时数据,包括系统频率、发电机的实际发电功率、联络线的交换功率等。这些数据为负荷分配器提供了当前电力系统运行状态的全貌。其次,负荷分配器根据这些实时数据,结合预设的调节准则和优化算法,计算出各个发电机组需要承担的负荷。这些调节准则通常包括频率偏差的修正、联络线交换功率的平衡及负荷经济分配原则。负荷分配器的主要目标是确保系统的频率稳定和功率平衡。它通过分析系统频率偏差,判断是需要增加还是减少发电出力。再次,考虑到各发电机组的经济运行特性,负荷分配器优化各机组的负荷分配,以达到最低的发电成本和最高的运行效率。最后,负荷分配器生成设定的有功出力指令,这些指令将通过通信网络传输到各个机组的控制器。

2.机组控制器

机组控制器是 AGC 系统的执行部分,负责根据负荷分配器设定的有功出力指令,使机组在额定频率下的实际发电功率与设定的有功出力相一致。其工作过程如下:

机组控制器接收到负荷分配器传输的设定有功出力指令后,首先,将其与当前机组的实际发电功率进行比较,计算出功率偏差。这个偏差反映了当前发电机组输出与目标输出之间的差异。接下来,机组控制器根据这一功率偏差,调整原动机的输入(如燃料量、蒸汽量或水流量),从而改变发电机的出力。机组控制器通常采用 PID（比例—积分—微分）控制算法，通过对功率偏差进行比例、积分和微分处理，实现对发电机出力的精确调节。比例控制部分迅速响应功率偏差，积分控制部分消除长期偏差，而微分控制部分提高系统的响应速度和稳定性。此外，机组控制器还需实时监控发电机的运行状态，确保在调整过程中不超出安全运行范围，如避免过载或过热。通过这些调整和监控，机组控制器确保发电机组的实际发电功率逐步趋近于设定的有功出力，最终达到频率稳定和功率平衡的目标。

（三）自动发电控制的实现

自动发电控制是通过自动装置和计算机程序对频率和有功功率进行二次调整来实现的。在现代电力系统中，AGC 的实现依赖于一整套复杂的监控、通信和控制系统。

AGC 所需的信息包括系统频率、发电机的实际发电功率、联络线的交换功率等。这些数据通过 SCADA（Supervisory Control and Data Acquisition）系统进行采集。SCADA 系统利用传感器和监测设备实时获取电网的运行状态，并通过上行通道将这些数据传送到调度控制中心。在调度控制中心，AGC 的计算机程序根据实时采集的数据进行分析和处理。AGC 软件包含一系列复杂的算法和模型，用于计算系统当前的频率偏差、功率不平衡及各发电机组的最优出力分配。通过对频率偏差的分析，AGC 系统能够识别系统需要增加或减少的发电量。同时，考虑到各发电机的经济运行状况和联络线的功率交换计划，AGC 系统还能够优化发电机组之间的负荷分配。基于以上分析和计算，AGC 系统生成对各发电厂或发电机组的控制命令。这些命令通过下行通道传送到各调频发电厂或发电机组。下行通道的通信需要确保命令的准确传递和及时响应，以实现快速有效的频率调整和功率分配。各发电厂或发电机组接收到 AGC 命令后，调整其出力以响应系统需求。调频发电机组根据接收到的指令增加或减少发电量，确保系统频率恢复到额定值，并且联络线的交换功率符合预定计划。在这个过程中，AGC 系统持续监控发电机组的实际输出和系统频率的变化，通过不断地反馈调整进一步优化系统运行。

（四）自动发电控制的模式

自动发电控制的实现可以通过不同的控制模式进行，根据系统规模、复杂性和技术需求，主要分为集中控制模式、分布式控制模式和混合控制模式。

1. 集中控制模式

集中控制模式是 AGC 的一种传统实现方式，所有控制决策集中在一个中央调度中心。调度中心通过 SCADA 系统收集来自整个电力系统的实时数据，包括系统频率、发电机出力、负荷需求和联络线功率等。基于这些数据，中央调度中心使用复杂的算法和优化模型计算出各发电机组的设定有功出力，并通过通信网络将控制指令发送到各个发电厂。

集中控制模式具有以下优点：

（1）集中控制模式下，所有决策都在一个中心进行，便于实现统一的系统管理和协调。

（2）调度中心可以根据整个系统的运行状态和需求，进行全局优化，确保系统的经济性和可靠性。

（3）快速集中控制模式可以快速获取全系统的状态数据，及时进行调整，响应系统变化。

该模式也具有局限性，主要体现在以下几方面：

（1）集中控制模式高度依赖通信网络的可靠性和速度，通信延迟或故障可能影响控制效果。

（2）中央调度中心作为单点，如果发生故障可能导致整个系统失控。

（3）随着系统规模的扩大，集中控制模式可能面临处理能力和通信负荷的瓶颈。

2. 分布式控制模式

分布式控制模式将控制决策分散到各个发电厂或区域调度中心，各个控制节点根据本地的数据和需求独立进行控制决策。这种模式下，每个节点拥有自主的控制权，可以根据本地的负荷需求和系统状态进行快速调整。

分布式控制模式具有以下优点：

（1）分布式控制模式降低了单点故障的风险，每个控制节点可以独立运行，即使某个节点失效，其他节点仍能正常工作。

（2）由于控制决策在本地进行，分布式控制模式可以更快速地响应局部负荷变化，提高系统的动态性能。

（3）分布式模式便于系统扩展，新增发电厂或区域调度中心时，只需增加相应的控制节点，而不必对整个系统进行大规模改动。

该模式也具有局限性，主要体现在以下几方面：

（1）各个控制节点独立决策，需要协调各节点之间的控制策略，确保系统整体的稳定性和经济性。

（2）为了实现协调控制，分布式节点之间需要频繁通信和数据同步，可能带来通信负荷和同步困难。

（3）分布式控制节点可能基于局部信息进行优化，难以实现全系统的全局优化。

3. 混合控制模式

混合控制模式结合了集中控制和分布式控制的优点，将控制决策分为集中和分布式两层。中央调度中心负责全局优化和策略制定，而各个分布式节点负责本地优化和执行。中央调度中心通过设定大致的控制目标和约束条件，各分布式节点在这些约束条件下进行自主调节。

混合控制模式具有以下优点：

（1）混合模式在中央调度中心进行全局优化的同时，允许分布式节点进行本地优化，实现全局和局部的平衡。

（2）中央调度中心和分布式节点共同工作，降低了单点故障风险，提高了系统的可靠性。

（3）混合模式具备分布式控制的灵活性，同时保持了集中控制的协调性，便于系统扩展和调整。

不过，该模式也具有以下局限性：

（1）混合模式需要协调中央和分布式节点之间的控制策略，系统设计和实现复杂性增加。

（2）需要在中央和分布式节点之间保持高效的通信和数据同步，以实现协调控制，通信网络的要求较高。

（3）混合模式需要综合考虑集中和分布式控制的特点，设计和实现成本较高。

根据具体电力系统的需求和条件，选择适合的控制模式，可以有效提升系统的稳定性和经济性。

第四节 电力系统自动低频减负荷

一、自动低频减负荷概述

（一）自动低频减负荷的概念

自动低频减负荷是一种电力系统保护措施，旨在应对系统频率严重下降的情况。具体来说，自动低频减负荷装置会实时监测电网的频率变化，一旦检测到频率低于预设值，立即启动负荷切除程序，通过逐步减少电力消耗，防止系统频率进一步下降，保障电网的稳定运行。

（二）自动低频减负荷的重要性

低频减载在电力系统中的重要性体现在以下几个方面：

1.保障系统稳定性

电力系统的频率稳定是维持电网正常运行的关键。当系统频率下降时，通常意味着发电和负荷之间的平衡被打破。如果不采取及时有效的措施，频率的持续下降可能会引发电力系统的不稳定，甚至导致系统崩溃。自动低频减负荷通过迅速切除部分负荷，降低系统的电力需求，从而恢复频率平衡，确保电力系统的稳定性。

2.防止大规模停电

在电力系统遭遇突发事件如发电机组故障、大规模线路故障或其他意外情况时,系统频率可能快速下降。自动低频减负荷作为一项紧急保护措施,可以在频率显著下降之前快速切除负荷,防止局部故障演变为大范围停电,减少事故影响范围和严重性。

3.保护电力设备

长时间的低频运行会对发电机、变压器和其他电力设备造成损害,影响其寿命和性能。自动低频减负荷通过迅速恢复系统频率,保护电力设备免受频率异常的影响,减少设备损耗和故障风险,提高设备的运行可靠性。

4.提升电网恢复能力

自动低频减负荷不仅在紧急情况下提供即时保护,还能够在事故后快速恢复电力系统的正常运行。通过有效的负荷管理和切除,电网能够更快地恢复频率稳定,重新建立供需平衡,缩短停电时间,提升服务可靠性。

5.符合电力系统安全标准

许多国家和地区的电力系统安全标准和运行规范都要求配置自动低频减负荷措施。这不仅是技术需求,也是遵守法规和行业标准的要求,有助于提高电力系统的安全管理水平,确保电网运行符合规范。

二、自动低频减负荷的触发条件

(一)频率阈值设定

电力系统的额定频率通常为 50 Hz 或 60 Hz,任何明显的偏离都可能表示系统供需失衡。为了保证系统的稳定性,通常会设定多个频率阈值,作为逐步启动自动低频减负荷的触发点。例如,当系统频率下降到 49.5 Hz、49.0 Hz 或更低时,自动低频减负荷机制依次启动,切除预设比例的负荷。这些阈值的设定需要综合考虑系统的运行特点和历史数据,确保在频率开始明显偏离额定值时,能够及时响应和干预。设定适当的频率阈值有助于在不同程度的频率异常时逐步减负荷,从而避免因一次性大规模切除负荷造成的冲击,同时确保系统频率能够逐步恢复到稳定范围内。

(二)负荷突增和供电不足

负荷突增和供电不足是引发系统频率下降的常见原因,自动低频减负荷机制在这种情况下提供了有效的保护措施。负荷突增通常发生在突发的大量用电需求时,如极端天气导致的空调或电加热器使用增加、重大活动或事件等。这种情况下,发电机组无法立即增加输出以满足瞬间增长的负荷,导致系统频率下降。相反,当发电机组意外停机或输电线路故障导致供电能力不足时,同样会引发频率下降。无论是负荷突增还是供电不足,自动低频减负荷都能通过实时监测频率变化,快速切除部分负荷,减轻供电压力,防止频率继续下降。

(三)系统扰动与紧急响应

电力系统运行过程中可能会受到各种扰动,如自然灾害(地震、风暴等)、设备故障(变压器故障、输电线路短路等)或人为因素(操作失误、攻击等)。这些扰动会导致系统的电力供需关系发生突变,从而引起频率快速下降。自动低频减负荷作为一种紧急响应机制,能够在检测到频率快速下降时立即启动,通过切除部分负荷来迅速缓解系统压力。这种自动化的快速响应机制,可以在最短时间内对扰动做出反应,减少因扰动导致的频率大幅波动,确保系统能够在短时间内恢复稳定。

三、自动低频减负荷的基本原理

自动低频减负荷的基本原理是通过分级切除负荷和自动逼近目标频率,以应对系统因故障引发的功率缺额。当电力系统因故障导致功率不足时,自动低频减负荷装置根据系统频率的变化情况,自动切除部分负荷,以帮助系统频率恢复到正常水平。当系统出现功率缺额时,如果缺额较小且系统内有足够的旋转备用容量,系统频率会在短时间内下降,但随着旋转备用容量的发挥,系统频率将重新恢复到故障前的水平。在这种情况下,自动低频减负荷装置不会动作，因为系统的自我调节能力足以应对小范围的功率缺额。然而，当有功缺额较大且系统中备有容量较少或没有时，系统频率会迅速下降。当频率下降到自动低频减负荷装置的第一动作频率时，装置会自动切除一部分不重要的负荷，以帮助恢复系统频率至允许范围。这种分级切除负荷的方法确保了对系统的重要负荷保护，同时有效抑制了频率的快速下降。

如果频率继续下降，自动低频减负荷装置会继续切除更多的负荷，直至频率不再下降。这种逐级切除的方式使得系统在每一级动作时都有机会恢复频率，防止一次性大规模切除负荷带来的不稳定性和冲击。然而，有时会出现这样一种情况：在某一级自动低频减负荷装置动作后，频率虽然不再继续下降，但也未能恢复到允许的正常值。这种情况是不允许持续存在的，因为系统频率恢复不到正常水平会影响电力系统的稳定性和设备的安全运行。为了应对这种情况，自动低频减负荷装置中设置了特殊级。当上述情况出现时，特殊级将动作，进一步切除负荷，使系统频率恢复到正常的允许值。特殊级的设置是为了确保在频率无法完全恢复到正常值时，系统仍能继续进行负荷切除，最终达到频率恢复的目的。这种设计增加了自动低频减负荷装置的灵活性和可靠性，确保在不同程度的故障情况下，系统都能有效应对，维护整体电力系统的稳定。

自动低频减负荷通过这种分级切除和自动逼近的方法，动态调整系统负荷，维持系统频率的稳定。在整个过程中，装置根据系统频率的实时变化，逐级切除负荷，既保护了系统的重要负荷，又有效抑制了频率的快速下降，确保了电力系统的安全可靠运行。通过设置特殊级，自动低频减负荷装置还能够在极端情况下继续发挥作用，进一步保障系统频率恢复到正常水平，从而提高了整个电力系统的抗故障能力和运行稳定性。

四、自动低频减负荷装置的整定计算

（一）确定最大功率缺额 P_{qe}

发生严重事故时，为了保证系统自动低频减负荷装置切除部分负荷后能使系统频率恢复到允许值，在计算接入自动低频减负荷装置的负荷功率之前，必须先确定系统发生故障时，功率缺额的最大值。而要准确地确定最大功率缺额，必须考虑电力系统在最不利条件下遭遇的潜在最严重故障。例如，在系统断开最大容量发电机组或某个主要发电厂的情况下，系统可能遭受的影响。如果电力系统的构成复杂到足以在某些情况下解裂为几个孤立的子系统，那么还必须分析由于主要联络线断开可能导致的额外功率缺额。

（二）确定接入自动低频减负荷装置的负荷总功率 P_m

假设系统的允许频率为 f_y，由负荷功率与频率的关系，从负荷调节效应可得系数推导公式：

$$P_m = \frac{P_{qe} - K_D P_x \Delta f_{hf\cdot}}{1 - K_D \Delta f_{hf\cdot}} \quad \text{（式3-20）}$$

其中，P_x 为恢复频率偏差的相对值；P_x 为减负荷前系统用户的总功率。

（三）确定各级的动作频率

自动低频减负荷是一种在电力系统出现故障时，为了保障系统整体安全而强制部分用户停电的措施。显然，这对被停电的用户来说可能带来不便甚至经济损失，因此，设计这种系统时的首要目标是在确保电力系统安全的前提下，尽可能减少切除的负荷量。自动低频减负荷装置的总负荷功率设计要考虑系统可能遇到的最严重情况。然而，由于每次发生故障时系统的运行状态和故障的严重程度可能不同，因此实际需要切除的负荷也会有较大的变化。为了适应这些变化，采取了一种分阶段、分批切除负荷的方法，旨在确保切除的负荷既不过多也不过少，以此来最小化对用户和系统的影响。目前，自动低频减负荷通常根据系统频率的降低顺序进行，将装置的动作分成多个级别或轮次，每个级别对应不同的频率阈值，从而在不同的频率降低阶段采取相应的负荷切除措施。

1. 确定第一级动作频率 f_1

第一级动作频率的设定较高，通常在 48.5～49.0 Hz 之间。设定较高的初级动作频率是为了快速响应频率下降的初期阶段，以迅速减轻系统负担，防止频率进一步下降到更危险的水平。这个阶段的切负荷量通常较小，目的是在不过度影响系统运行和用户的情况下，初步稳定频率。然而，也存在风险，因为如果系统频率的下降只是暂时性的，且备用容量尚未充分发挥作用，过早的负荷切除可能会导致不必要的服务中断。

2. 确定末级动作频率 f_n

末级动作频率通常设定在较低的频率，如 47.5 Hz。在此阶段，若系统频率继续下降到此水平，表明前几级负荷切除未能足够稳定系统，需要进行更大规模的负荷切除。在高温高压火电厂，频率低于 46.0～46.5 Hz 可能导致电厂无法正常工作，因此将末级动作频率设定在此之上，以确保关键设施的操作安全。

3. 确定频率级差 Δf

（1）按选择性确定。这种方法要求在前一级动作之后不能制止频率下降时，才能启动下一级动作。

$$\Delta f = 2\Delta f_{wc} + \Delta f_t + \Delta f_y \qquad （式 3-21）$$

式中，Δf_{wc} 为频率继电器动作频率的最大误差；Δf_t 为在延时内系统频率下降值，通常可取 0.15 Hz；Δf_y 为频率裕度，通常可取 0.05 Hz。

（2）不强调选择性。该方法将总负荷平均分配到若干级中，每级之间的级差较小，目的是均衡地减轻系统负担，避免单次大规模负荷切除对系统造成的冲击。

（四）确定动作级数 N

动作级数 N 是在已确定的第一级动作频率（f_1）和末级动作频率（f_n）及频率级差（Δf）的基础上进行的。动作级数 N 的确定直接影响到低频减负荷措施的灵敏度和效果，因为它决定了系统在频率下降过程中可以进行多少次干预。计算动作级数的一般方法是根据首末级频率差和预定的频率级差计算可能的级数。理想中，级数越多，系统的响应可以更精细，但同时也意味着系统的复杂性和成本会增加。

（五）确定每级切除的负荷功率 ΔP_i

一旦确定了希望恢复的频率 f_h 和各级的动作频率 f_i，接下来的任务是计算每个动作级别所需切除的负荷功率 ΔP_i。

每级切除的负荷功率计算涉及对系统当前状态的精确评估，包括当前频率与目标频率之间的差值、系统对负荷变化的敏感度以及其他系统动态响应的参数。这一计算不仅考虑了系统的即时需求，还需要预测系统在负荷切除后的反应，以确保不会因为过度切除负荷而引起其他不稳定现象。

此外，计算中还需考虑到系统的安全裕度，以避免在实际操作中由于预测误差或外部条件变化引起的负面影响。最终的目标是制订一个既能有效应对频率下降，又能尽量减少对用户和经济活动影响的负荷切除计划。

ΔP_i 的计算公式如下：

$$\Delta P_i = \left(1 - \sum_{k=1}^{i-1} \Delta P_k\right) \frac{K_D(\Delta f_i - \Delta f_h)}{1 - K_D \Delta f_h} \quad \text{（式 3-22）}$$

$$\Delta f_i = \frac{f - f_i}{f_e} \quad \text{（式 3-23）}$$

$$\Delta f_h = \frac{f_e - f_h}{f_e} \quad \text{（式 3-24）}$$

（六）确定延时 Δt

系统频率下降到自动低频减负荷装置的动作值时，原则上应尽快切除负荷以阻止频率进一步下降。然而，电力系统在经历严重故障或其他影响时，可能会出现电压急剧下降的情况，这种状况可能暂时影响频率测量，导致频率继电器的误动作。为了应对这种情况，引入了一个固定的延时 Δt，通常设定为 0.5 s 或更长。这个延时使系统有时间越过暂态过程，从而减少因瞬时波动导致的误动作风险。通过这种方式，只有在频率真正持续低于设定阈值时，低频减负荷装置才会被激活，这有助于确保所有的负荷切除行动都是因为实际的系统需求，而非暂态干扰所引发。此外，延时还考虑到了电力系统的动态响应特性，确保在采取重大措施如大规模负荷切除前，给予系统足够的时间来展示其自然的恢复能力。

（七）确定特殊级的有关参数

在自动低频减负荷系统中，特殊级的设置是为了在基本级负荷切除未能有效恢复系统频率时提供额外的干预。特殊级的动作频率通常只设置一个，其整定值应大于或等于基本级中第一级的动作频率。特殊级的存在提供了一个安全网，确保在极端情况下系统仍能维持稳定。

特殊级的动作是通过较长的延时 Δt 来实现的，通常取系统时间常数的 2～3 倍，最小动作时间为 10～15 s。这种长延时的设置允许系统在特殊级动作之前充分利用基本级的负荷切除效果，只有在这些措施证明不足以恢复或维持系统频率时，特殊级才会介入。

第四章 电力系统电压和无功功率的自动控制

第一节 电力系统电压控制的必要性

一、电压对电力用户的影响

（一）对用户设备性能与寿命的影响

在电力系统中，电压必须维持在一个相对稳定的范围内，以确保所有连接的用户设备能够安全且有效地运行。电压水平的异常，无论是过高还是过低，都可能导致用户设备的损坏，影响设备性能，甚至缩短其使用寿命。

电压过高可以导致严重的设备损坏。当电压水平超过设备设计的最大承受电压时，会产生过电压现象。这种情况下，电器设备内的绝缘材料可能会因为承受不住高电压而导致绝缘击穿，进而引起短路或火灾。此外，过高的电压还会使得电器设备中的电子元件承受超出其额定容量的电流，增加元件的热负荷，加速老化过程，从而减少设备的整体寿命。例如，家用电器如冰箱和空调在电压过高的情况下，其压缩机和马达可能会过热，导致损坏。当电压低于设备的正常工作范围时，设备无法得到足够的能量来正常运行，可能表现为输出功率下降，运行效率降低。在一些需要高精度控制的工业应用中，电压过低可能导致生产线上的设备无法达到所需的精确度，影响产品质量。长期电压过低可能迫使设备在非最优条件下工作，加剧设备磨损，缩短使用寿命。例如，电动机在电压过低的条件下，可能无法达到正常的运行速度，从而增加电机的磨损并减少其有效寿命。

此外，电压波动和频繁的电压变化同样会对设备产生负面影响。电压波动指的是电压水平在短时间内的快速变化，这种现象通常与电网负荷的快速变化有关。频繁的电压波动会导致设备电子系统的不稳定，特别是对于那些含有精密电子控制系统的设备，如计算机和其他办公自动化设备，可能会造成数据丢失或硬件故障。电压的不稳定还可能使设备频繁地启动和停止，这种启停循环极大地增加了机械和电子部件的磨损，降低设备的整体可靠性和寿命。因此，为了保护设备免受电压异常的影响，许多企业和家庭会采用稳压器或者不间断电源（UPS）系统来稳定输入电压。稳压器可以调整进入设备的电压，确保其保持在安全范围内。而不间断电源则能在电网电压失稳时提供短暂的电力，保证关键设备如服务器和医疗设备能够在电压回稳前继续运行，从而避免数据损失或其他潜在的灾难性后果。

（二）对用户电费和维修成本的影响

在电力系统中，如果电压稳定，用户的电器设备能够在最佳状态下运行，从而节省能源和减少维护成本。相反，电压的不稳定不仅会增加电费，还会导致频繁的设备维修或更换，从而提高用户的总体成本。

第一，电压不稳定会增加用户电费。电压高于或低于标准运行范围时，电气设备的效率会受到影响。例如，当电压高于标准水平时，电流的增加会导致电力消耗的增加，因为设备需要处理额外的电力输入，这通常会转化为热能，而非设备所需的机械或化学能。这种能量转换的低效率导致能源浪费，从而使得电费不必要地增加。同理，当电压过低时，许多电器设备，尤其是那些依赖于电动机的设备，如空调和冰箱，将无法在最佳效率点运行。这种低效率导致设备消耗更多电力以完成相同的任务，再次导致电费增加。

第二,电压不稳定会增加用户维修成本。电压过高可以迅速损坏电器设备中的敏感组件,如电容器和半导体设备。这些组件在设计时都有明确的电压容忍范围,超出这个范围可能会导致组件功能失效或永久损坏,需要更换,从而增加维修成本。例如,过高的电压可能会导致电视和电脑的电源适配器损坏,这些设备的修理或更换成本可能相当高昂。维修成本增加的另一个影响因素是电压问题引起的间接损害。例如,电压不稳定可能导致生产设备突然停机,尤其是在高度自动化的工业环境中,这种停机可能导致生产线停产,需要进行紧急维护。生产停滞不仅造成直接的经济损失,还可能影响企业的市场声誉,特别是在供应链高度依赖及时交付的行业中。在这些情况下,即使维修本身成本不高,但由于生产损失造成的间接成本可能远远超过设备本身的维修费用。此外,电压不稳定还会增加预防性维护的需求和成本。为了避免电压异常导致的设备故障,许多工业和商业用户投资于先进的电压监控和调节设备,如稳压器和不间断电源(UPS)。这些系统可以在一定程度上缓解电压问题,但它们需要定期维护和可能的部件更换,这些都增加了运行成本。

二、电压对电力系统的影响

(一)对电力系统稳定性的影响

发电厂的关键设备,如给水泵、送风机、吸风机和磨煤机等,通常依赖于电动机的驱动。当电压水平降低时,电动机的转速和出力都会相应减小。这种电动机性能的下降直接影响到厂用机械的出力,进而影响锅炉和汽轮机的运行效率。例如,给水泵和风机在电压低下时无法提供足够的水和空气给锅炉,会导致燃烧效率下降,进而影响蒸汽的产生量。汽轮机输出也会因为蒸汽量的减少而下降,最终导致电厂的整体出力减少。在严重的情况下,出力的减少不足以满足电网的需求,从而危及整个电力系统的稳定和安全运行。

此外,在无功功率供应不足和电压水平低下的情况下,系统中的关键节点，如某些枢纽变电所，会经历电压扰动，这些扰动可能迅速演变为电压崩溃，造成母线电压大幅度下降。电压崩溃不仅会导致局部区域的电力供应中断，而且在极端情况下，会造成系统广泛的同步问题，甚至导致跨区域的重大停电事故，其对电力系统的稳定性和可靠性的影响是深远和破坏性的。

（二）对电力系统输电效率和损耗的影响

在电力输送过程中，电压水平的高低直接影响到电能的传输效率和在输电过程中的损耗量。

电力系统的主要任务是将发电站产生的电能有效地输送到消费者处。这个过程涉及通过高压输电线路长距离传输电能。为了降低输电过程中的能量损失，通常会在发电站附近的变电站将电压提升到较高水平，通过高压输电网络输送到远处，然后在用户附近的变电站再次降低电压以供用户使用。这种高压输电的方法可以显著减少电流的大小，从而减少了线路的热损耗，因为输电线路中的功率损失与电流的平方成正比（$P=I^2R$，其中 P 是功率损失，I 是电流，R 是电阻）。电压水平的不稳定，无论是过高还是过低，都会对输电效率产生不利影响。当电压过低时，为了维持同样的功率传输，电流必须增加。这增加的电流会导致更高的线路损耗，因为电阻损耗随电流的增加而增加。此外，电压过低还会限制电网中电能的流动能力，特别是在负载较大的情况下，电网需要更多的无功功率来维持电压，而无功功率的不足可能进一步降低电压水平，形成恶性循环。相反，电压过高虽然可以减少由于电流增加引起的线损，但它带来的问题也不容忽视。首先，过高的电压可能导致电气设备，如变压器和绝缘材料的过早老化或损坏，这直接影响电网的可靠性和安全性。此外，系统中电压的过高还可能导致电力设备操作超出其设计标准，从而增加事故的风险，如绝缘击穿或电弧放电，这些都可能导致重大的设备故障或系统中断。

三、电压对电能质量的影响

电能质量不仅关乎电力用户的日常使用体验,还直接影响到电力系统的健康和长期可持续运行。具体来说,电压不稳定会导致以下电能质量问题:

一是电压闪烁。电压闪烁是一种电压水平快速而频繁的变化,通常是由电网中的大功率设备,如电弧炉或大型电动机的启动和停止所引起的。电压闪烁会导致照明设备的光强度不断变化,引起视觉上的不适或干扰,如居民家中的灯光或电视屏幕的明暗闪烁。更严重的是,电压闪烁可能对敏感设备产生不良影响,如科研实验室的精密仪器或医院的医疗设备,这些设备对电源的稳定性要求极高。此外,频繁的电压闪烁会增加电力系统中电气设备的磨损,尤其是那些依赖于电机的设备,如电梯和泵,长期受到电压闪烁的影响,其寿命可能会大幅缩短。

二是谐波干扰。电压不稳定还会引起谐波干扰。谐波是电力系统中的一种电压或电流的非基频成分,主要由非线性负载如变频器、电脑和其他电子设备引入。当电压不稳定时,系统中谐波的影响更加明显,因为标准电压的波动使得这些设备产生更多的谐波。谐波会扭曲电网的正常电压波形,导致能效降低和电力设备过热,以及潜在的电力设备损害。

三是电压不平衡。在三相电力系统中,电压不稳定可能导致三相电压不平衡。三相电压不平衡是指三相中各相电压的幅度和相位不一致。电压不平衡可能导致三相电机和其他三相设备效率下降,增加机械振动和热应力,从而缩短设备寿命。此外,电压不平衡还会增加系统的总体损耗。

四是暂态过电压和欠电压。暂态过电压是指电压水平短时间内突然升高,常由雷击、大型设备突然卸载或电网故障引起。这种瞬间的高电压冲击可以损坏电力设备的绝缘材料,引发故障和停机。欠电压则是电压水平在短时间或长时间内低于正常值,可能因电网负载过大或供电不足引起,导致电器设备无法正常运行或效率下降。

综上,在电力系统中,为了确保负荷用电设备、电力系统本身的稳定运行及电能质量达标，必须在规定的额定电压水平下工作。根据当前我国的规定，不同电压级别和用途的用户被允许有不同的电压偏移范围，在正常运行条件下如下：

对于 10 kV 及以下电压供电的负荷，允许的电压偏移为 ±7%。

对于 35 kV 及以上电压供电的负荷，允许的电压偏移为 ±5%。

对于低压照明负荷，电压偏移允许为 +5% 至 -10%。

在农村电网正常情况下，电压偏移允许为 +7.5% 至 -10%，而在事故状态下，考虑到故障时间相对较短，电压偏移的允许范围可以放宽至 +10% 至 -15%。

在电力系统发生事故后，部分设备可能需要退出运行，这时电压损耗比平常大，因此允许的电压偏移比平常增加 5%。然而，即便在这种情况下，电压的正偏移也不应超过 10%。这些规定有助于确保电力系统的可靠性，同时减少对电力用户设备可能产生的负面影响。

第二节 电力系统无功功率平衡与电压的关系

在电力系统中，大量的负荷需要消耗一定量的无功功率，而且输电设备本身也会引起无功功率的损耗。因此，电力系统必须确保电源产生的无功功率能够满足这些需求。具体来说，系统中无功功率的平衡要求从发电机发出的无功功率等于无功功率负荷和无功功率损耗之和。即

$$\Sigma Q_G = \Sigma Q_D + \Sigma Q_L \qquad (4\text{-}1)$$

其中，Q_G 表示发电机发出的无功功率；Q_D 表示无功功率负荷；Q_L 表示无功功率损耗。

电源供应的无功功率 Q_G 由两部分组成：发电机提供的无功功率 Q_{Gi} 和无功补偿设备提供的无功功率 Q_{Ci}。无功补偿设备提供的无功功率可以进一步细分为调相机提供的无功功率 Q_{C1}、并联电容器供的无功功率 Q_{C2} 和静止补偿器所供应的无功功率 Q_{C3}。所以，可得出下式

第四章 电力系统电压和无功功率的自动控制

$$\Sigma Q_G = \Sigma Q_{Gi} + \Sigma Q_{C1} + \Sigma Q_{C2} + \Sigma Q_{C3} \tag{4-2}$$

式 4-1 中的 Q_L 主要包括 3 个方面:变压器中的无功功率损耗 ΔQ_T、线路电抗引起的无功功率损耗 ΔQ_X 及线路电纳引起的无功功率损耗 ΔQ_B(属容性损失)。因此,可得出下式

$$\Sigma Q_L = \Delta Q_T + \Delta Q_X - \Delta Q_B \tag{4-3}$$

式 4-1 中的 Q_D 通常根据负荷的功率因数来计算。

在电力系统中,无功功率平衡与电压水平之间的关系是密切且复杂的,如图 4-1 所示。

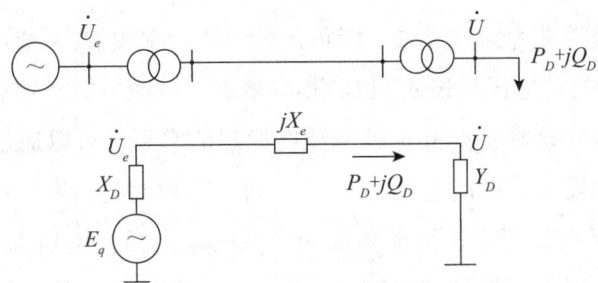

图 4-1 电力系统接线图

设系统电源电压为 $\dot{U}_G$,而系统负荷端的电压为 $\dot{U}$,系统负荷可以用等值导纳 $Y_D = G_D + jB_D$(其中 G_D 为负荷的实部,反映有功功率需求;B_D 是虚部,表示感性无功功率需求,j 为虚数单位,用来区分有功和无功成分)来表示,X_Σ 表示整个电力系统的电抗,即线路、变压器及发电机等值电抗的总和,E_q 表示发电机电势,这是发电机在没有任何内部损耗时能产生的最大电压。

由图 4-1 可知,在电力系统中,负荷端的电压 $\dot{U}$ 主要由两个因素决定:发电机端的电压 $\dot{U}_G$ 和电网的总电压损失 ΔU(即从发电机到负荷点的传输过程中因电阻和电抗所引起的电压降)。发电机端的电压 $\dot{U}_G$ 可以通过改变发电机的励磁电流来调节。励磁电流的调整直接影响发电机产生的无功功率,进而影响输出电压。无功功率在调节电压和改善电力系统的电压稳定性方面起着重要作用。但是,发电机的励磁和无功功率输出受到其设计和

操作容量的限制，不能无限制地增加。

电网的总电压损失 ΔU 取决于电网的网络参数，如线路的电阻和电抗，以及流经这些线路的无功功率。可以用下式表示

$$\Delta U = \frac{Q_D X_\Sigma}{U_N} \qquad (4-4)$$

在电力系统的正常运行状态下，系统达到无功功率平衡，此时发电机发出的无功功率（Q_G）正好等于系统负荷的无功功率（Q_D）与由于输电过程中的损耗所需的无功功率（Q_L）之和，即满足 $Q_G = Q_D + Q_L$。此时，负荷端的系统的电压（$\dot{U}$）能够维持在其设计的额定电压（U_N）的水平。然而，如果因为某种原因导致系统负荷的无功功率（Q_D）增加，那么根据式4-4，电网的总电压损失 ΔU 也会相应增加，进而可能导致负荷端的电压下降。为了应对这种情况并保持电压在稳定的水平，可以通过增加发电机的励磁来增加发电机端的电压（$\dot{U}_G$）。通过这种调整，发电机增加的无功功率 $\Delta \dot{U}_G$，足以补偿由于负荷增加而导致的电压损耗增加 ΔU。如果增加的无功功率恰好等于增加的电网总电压损耗，则系统电压将能够维持在其原有的额定水平（U_N）。

如果发电机输出电压增量 $\Delta \dot{U}_G$ 大于所需补偿的电压损耗增量 ΔU 时，发电机端的电压会升高超过系统原有的额定电压。这种情况下，整个系统的电压也会升高，导致此时负荷端的电压（U_H）超过原来的额定电压，即 $U_H > U_N$。在这个新的电压水平下，电力系统的无功功率需求通常会增加，因为高电压可能导致某些电气设备，如电动机，需求更多的无功功率来维持其运行。因此，整个系统需要达到一个新的无功功率平衡，即 $Q_{CH} = Q_{DH} + Q_{LH}$。

如果发电机由于励磁能力或其他限制而不能增加足够的无功功率来补偿负荷增加导致的电压损耗 ΔU，那么负荷端的电压将会下降，低于系统的额定电压 U_N。在这种较低的电压水平（U_L）下，系统所需的无功功率通常会减少，因为较低的电压减少了设备的无功功率需求。因此，系统将在这个较低的电压水平下达到一个新的无功功率平衡状态，即 $Q_{CL} = Q_{DL} + Q_{LL}$。

总结来说，无功功率的平衡对电力系统至关重要。当电力系统中的无功功率来源充足并具有较大的调节能力时，系统可以在较高的电压水平上维持稳定。反之，如果无功功率来源不足，调节能力有限，系统将不得不在较低的电压水平上运行以保持平衡。

第三节　电力系统电压控制的措施

一、发电机控制调压

发电机控制调压是通过调节发电机的励磁系统来控制其输出电压，从而影响整个电力系统的电压水平。

发电机控制调压主要依赖于其励磁系统的操作。励磁系统的主要功能是向发电机的转子提供直流电流，产生必要的磁场以便发电机能够产生交流电。通过调整提供给转子的直流电流的大小，可以控制转子磁场的强度，进而调整发电机输出的交流电压的幅度。这种调节机制允许发电机不仅能响应负载变化，还能对电网中的电压波动进行有效调控。励磁控制通常有几种方式：手动控制、自动电压调节器（AVR）和通过电力系统稳定器（PSS）进行的控制。在自动电压调节器的帮助下，控制系统能够自动感应发电机输出的电压并将其与预设的电压目标值进行比较，据此自动调整励磁电流，以确保输出电压的稳定。这种自动调节是通过反馈回路实现的，可以有效、快速地对系统负载变化和电网条件变化做出反应。

发电机控制调压在小型或简单的电力系统中特别有效，尤其是在供电线路较短、电压损失较小的情况下，直接利用发电机调压可以较好地满足负荷对电压质量的要求。然而，在更复杂或更大规模的电力网络中，单靠发电机控制调压可能无法解决所有电压质量问题。在大型电力系统中，输电线路较长且系统中存在多个电压等级，这些系统还需要承担地方负荷。在这种情况下，仅依靠发电机的调压功能可能不足以确保电力系统的电压质量满足所有区域的要求。此外，大型系统中往往有多个发电站并联运行，这时通过单个发电机调压来控制电压可能会引起无功功率分布的变化，进而影响整个系统的电压稳定性和运行效率。因此，大型电力系统通常采用多种电压和无功功率控制策略，发电机控制调压通常只作为一种辅助措施。

二、控制变压器变比调压

（一）变压器变比调压的基本原理

变压器通常配备可调整的分接抽头，调整分接抽头的位置便能控制变压器的变比。在双绕组变压器中，分接抽头一般设置在高压绕组上；在三绕组变压器中，分接抽头设置在中压或高压绕组上。在高压电网中，各节点的电压水平与无功功率分布紧密相关，通过调整变压器的变比，可以有效地改变负荷节点处的电压，进而影响无功功率的分布。需要注意的是，变压器本身不产生无功功率，它只是通过变比调整来影响无功功率的分布。因此，从整个电力系统的角度来看，利用变压器变比进行电压调控要求系统内必须有足够的无功功率源。当电力系统中的无功功率供应不足时，仅依靠调整变压器的变比是无法实现有效的电压控制的。这意味着变压器变比调压策略需要在电力系统无功功率资源充足的条件下才能有效执行。

双绕组变压器的高压侧配备了若干可选的分接抽头，用于调节输出电压。其中，对应于额定电压 U_N 的分接抽头被称为主抽头。对于容量在 6300 kVA 及以下的变压器，高压侧通常配置有 3 个分接抽头，分别设置为 $1.05U_N$、U_N 和 U_N。而对于容量为 8000 kVA 及以上的变压器，高压侧则配置有 5 个分接抽头，其设置分别为 $1.05U_N$、$1.025U_N$、$0.975U_N$ 和 $0.95U_N$。在这些变压器中，低压侧通常不设置分接抽头。

调整变压器的变比，实际上是根据电压调控需求来选择合适的分接抽头。如图 4-2 为降压变压器。

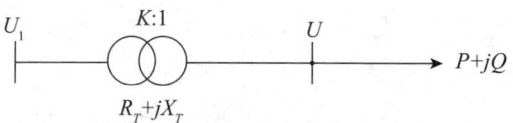

图 4-2 降压变压器系统图

若通过的功率为 $P+jQ$（其中 P 和 Q 分别是通过变压器的有功功率和无功功率，j 为虚数），高压侧实际电压为 U_1，归算到高压侧的变压器阻抗表示为 R_T+jX_T，归算到高压侧的变压器电压损耗表示为 ΔU_T，低压侧要求得到的电压为 U_2，则

$$\Delta U_T = (PR_T + QX_T)/U_1 \quad (4\text{-}5)$$

$$U_2 = (U_1 - \Delta U_T)/K \quad (4\text{-}6)$$

式中，K 是变压器的变比，即高压侧分接抽头电压 U_{1t} 与低压侧额定电压 U_{2N} 之比。

将 K 代入式 4-6，可得高压侧分接抽头电压 U_{1t} 为

$$U_{1t} = \frac{U_1 - \Delta U_T}{U_2} U_{2N} \quad (4\text{-}7)$$

在实际操作中，若变压器承载不同的功率，高压侧电压 U_1、电压损耗 ΔU_T、以及低压侧所需电压 U_2 会发生变化。通过这些计算，可以确定在不同负荷条件下应选择哪个高压侧分接抽头来满足低压侧的调压要求。

对于普通的双绕组变压器，分接抽头通常只能在停电情况下改变。在变压器正常运行中，无论负荷如何变化，通常只使用一个固定的分接抽头。在最大和最小负荷情况下，可以计算出所需的分接抽头电压

$$U_{1\max} = (U_{1\max} - \Delta U_{T_{\max}})U_{2N}/U_{2\max} \quad (4\text{-}8)$$

$$U_{1t\min} = (U_{1\min} - \Delta U_{T_{\min}})U_{2N}/U_{2\min} \quad (4\text{-}9)$$

然后取这两个值的算术平均值，即

$$U_{1tav} = (U_{1\max} + U_{1\min})/2 \quad (4\text{-}10)$$

根据这个平均值，可以选择最接近的分接抽头，并验证在最大负荷和最小负荷时，低压母线上的实际电压是否符合用户的要求。

三绕组变压器是一种在电力系统中广泛应用的变压器类型，特别适用于需要在三个不同电压级别之间传输能量的场合。与常见的双绕组变压器不同，三绕组变压器具有三组绕组：高压、中压和低压绕组，其中高压和中压绕组通常设有可调节的分接抽头，而低压绕组则通常没有分接抽头。这种结构增加了变压器在电压调整和适应不同电网需求方面的灵活性。在实际操作中，选择三绕组变压器的分接抽头需要综合考虑各侧的电压要求和系统的运行条件。首先，通常根据高压侧和低压侧的电压要求来确定高压侧的分接抽头。这是因为高压侧直接关联到电网的主输电线路，对整个系统的稳定性和效率影响较大。高压侧的电压设置影响着通过变压器传输的能量和传输效率，因此必须精确控制以满足系统需求和安全标准。高压侧的分接抽头根据上述需求被选择定位之后，下一步是考虑中压侧的电压需求。中压侧通常服务于地区性的分布网络或大型工业用户，这要求其电压调整同样必须精确和高效。中压侧的分接抽头选择依赖于已经设定的高压侧抽头位置，因为两者之间存在电气连接和相互依赖。在确定中压侧抽头位置时，需要确保中压输出符合下游网络的电压要求，同时也要考虑到从高压侧到中压侧可能存在的电压变化。其次，通过适当选择高压和中压侧的分接抽头，可以确保三绕组变压器在提供所需电压的同时，也能满足系统的动态响应和长期可靠性要求。

（二）变压器变比调压的应用场景

变压器变比调压是一种通过改变变压器分接抽头位置来调整输出电压的技术，广泛应用于多种电力系统场景以适应不同的电压需求和改善电网性能。下面介绍3个具体的应用场景。

1.城市配电网

在城市配电网中，需求的多样性和不断变化的负荷特征要求电网能够提供灵活而稳定的电压输出。城市地区的电力消费模式通常因时间（如白天与夜间）和区域（如商业区与居住区）的不同而有明显变化。在高需求时段，如工作日的白天，商业区的电力需求显著增加；而夜间或周末，居住区的电力消耗可能更高。变压器变比调压可以在这些不同需求间动态调整，确保各区域得到适当的电压供应。通过调整分接抽头，可以在负荷高峰时提高输出电压，以补偿长距离传输过程中的电压损失，从而保证用户端的电压稳定。这种调整有助于提升整个配电系统的效率，减少能耗，并通过降低电网损耗来提高经济效益。

2. 远距离高压输电

在远距离高压输电场景中，电力需要从发电站传输到远离的负荷中心，这往往涉及数百甚至数千公里的距离。长距离传输会导致电压下降，特别是在电力系统负荷较大时。为了维护系统的稳定性并确保电力到达终端用户时仍然保持在规定的电压范围内，变压器变比调压在输电系统中起着关键作用。

通过在关键节点安装有载调压变压器（OLTC），系统运营商可以根据实时监测到的电压和负荷条件动态调整变比。这种调节确保了即便在负荷变化较大时，电网也能快速响应，维持电压在一个稳定的范围。此外，调压也帮助电网运营商优化运行成本，通过更有效的电压管理减少线损和延长设备寿命。

3. 可再生能源集成

随着可再生能源比如风能和太阳能在全球电力系统中的占比不断增加，如何有效地将这些不稳定的能源无缝地集成进电网成为一个挑战。可再生能源的输出依赖于风速、日照等环境因素，因此其发电量和生成的电压层面具有很大的不确定性。变压器变比调压在这种情况下发挥着至关重要的作用。通过在连接可再生能源发电站的变压器上使用变比调压，可以有效地管理因产能波动导致的电压变化，保证即使在风能或太阳能发电量剧烈变化时，也能维持电网的电压稳定性。此外，这也有助于最大化可再生能源的利用效率，通过调整变压器的变比来适应不同的发电情况，优化电网的整体能源分配和负荷管理。

三、利用无功功率补偿设备调压

（一）无功功率补偿设备的分类

1. 调相机

调相机，也称为同步电容器，是一种可以提供或吸收无功功率的旋转电机。它的主要作用是通过调整其励磁电流来调节电网中的无功功率，进而影响电网的电压水平。调相机在无功功率控制中极为有效，因为它可以非常灵活地调整输出，既可以作为无功功率的源也可以作为负载。它通过改变励磁电流的大小，控制转子的磁场强度，从而调整通过调相机的无功功率流。这种调整可以实时进行，响应速度快，适应性强，尤其适用于需求变化大的场景。此外，调相机还可以帮助改善电力系统的功率因数，减少线路损耗，提高系统的稳定性和效率。

2. 静止补偿器

静止补偿器（SVC）是一种使用电力电子设备来控制无功功率的固态设备。它由可控硅阀和电抗器或电容器组成，能够根据电网的需求快速调整补偿级别。SVC 的主要功能是提供快速、连续的无功功率调整，以稳定电压水平或改善电网的动态性能。这种设备通常用于大规模工业负荷、电力传输系统或大型电厂附近，用于对抗由大型电动机启动或电弧炉等引起的电压波动。SVC 可以极大地提高电网的灵活性和响应能力，通过调节其内部的电抗器和电容器的组合来吸收或释放无功功率，快速响应电网电压和负荷的变化。

3. 并联电容器

并联电容器在电力系统中的作用是提供所需的无功功率以改善功率因数，并帮助控制或提升电网中的电压水平。这种设备特别适用于消耗大量无功功率的电网部分，如长距离输电线路或有大量感性负载的区域。并联电容器可以连续或按需地向电网释放无功功率，有助于减少由电流引起的热损耗和降低电能传输过程中的损耗。并联电容器的安装和维护相对简单，成本较低，使其成为提高电网效率的常用解决方案。

（二）无功功率补偿设备调压的基本原理

无功功率补偿设备能够根据电力系统的需要动态地提供或吸收无功功率。这些设备通过调节其输出的无功功率，帮助电力系统在变化的负载条件下维持稳定的电压水平。

（1）提供无功功率。当电网电压趋于下降时，无功功率补偿设备可以提供无功功率，通过增加电网的电场强度来抬高电压。

（2）吸收无功功率。当电网电压过高时，无功功率补偿设备可以吸收多余的无功功率，减少电网的电场强度，从而降低电压。

无功功率补偿设备通常通过感应电网中的电压变化来自动调整其无功功率输出。例如，SVC 和 STATCOM 等设备内部含有控制系统，可以根据预设的电压目标值实时调整无功输出，以响应电网电压的瞬时变化。

四、利用串联电容器控制电压

在 35～110 kV 的架空输电线路中，尤其是那些线路较长、负荷波动大或主要供电给冲击性负荷的情况下，电压质量的维持成为一项挑战。为了应对这一问题，可以在输电线路上串联接入电容器。电容器的主要作用是提供容抗，这可以有效地抵消线路中的感抗。通过减少由于感抗引起的电压损耗，电容器帮助提高线路末端的电压水平。串联电容器不仅可以减轻电压下降的问题，而且还能显著改善输电效率和电压质量。使用串联电容器是一种经济有效的技术手段，特别适用于长距离输电场景，可以确保电力在传输过程中的稳定性和可靠性，从而满足不同负荷条件下的电压需求。

利用串联电容器控制电压的示意图如图 4-3 所示。

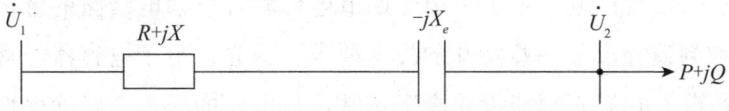

图 4-3　串联电容器控制电压示意图

输电线路中未接入串联电容器补偿前

$$U_1 = U_2 + \frac{PR+QX}{U_2} \quad (4-11)$$

其中：U_1 是输电线路首端的电压，即高压侧电压；U_2 是输电线路末端的电压，即低压侧电压；P 是输电线路上的有功功率；Q 是输电线路上的无功功率；R 是线路的电阻；X 是线路的电抗。

引入串联电容器进行补偿后，如果要求母线电压为 U_{2C}，则有

$$U_1 = U_{2C} + \frac{PR+Q(X-X_C)}{U_{2C}} \quad (4-12)$$

若补偿前后输电线路首端电压维持不变，即 $U_1 = U_1'$，则有

$$\frac{PR+QX}{U_2} = \frac{PR+Q(X-X_C)}{U_{2C}} \quad (4-13)$$

计算后可以得出

$$X_C = \frac{U_{2C}}{Q}\left[(U_{2C}-U_2) + \left(\frac{PR+QX}{U_{2C}} - \frac{PR+QX}{U_2}\right)\right] \quad (4-14)$$

在上式中，方括号内的第二项数值通常较小，因此在实际计算时可以将其忽略。因此，可以得到简化公式如下：

$$X_C = \frac{U_{2C}}{Q}(U_{2C}-U_2) \quad (4-15)$$

如果假设要求的母线电压 U_{2C} 接近于输电线路的额定电压 U_N，则有

$$X_C = \frac{U_N}{Q}\Delta U \quad (4-16)$$

其中，ΔU 是经过串联电容补偿后，输电线路末端电压需要抬高的电压增量。

串联电容器在电力系统中用于调节电压和补偿输电线路的感抗，这对其设计和制造提出了一些特殊的技术要求。首先，由于电容器经常面临过电压的情况，它们必须能承受高于正常运行电压的压力，以确保稳定性和安全性。因此，串联电容器通常需要使用特殊材料和加强的设计来提高其

耐压能力。此外，单个串联电容器的额定电压相对较低，通常在 1～2 kV 范围内，而额定容量也较小，20～40 kV。为了达到所需的电压和容量级别，通常需要将多个串联电容器通过串联和并联的方式组合使用，如图4-4所示。这种组合不仅可以提高整体系统的电压处理能力，还可以通过分散负载来增加系统的可靠性。在组合过程中，需要确保所有单元的性能一致性，以防止某一单元过载而影响整个电容器组的性能。

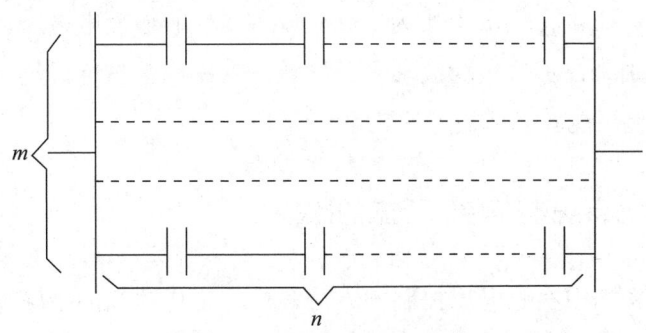

图 4-4　电容器的串并联

假设每个电容器的额定电流为 I_{NC}，额定电压为 U_{NC}，那么可以根据输电线路的最大负荷电流 I_M 和所需补偿的容抗值 X_C 来确定并联电容器的数量 n、串联电容器的数量 m 及三相电容器的总容量 Q_C。

$$mI_{NC} \geqslant I_M \tag{4-17}$$

$$nU_{NC} \geqslant I_M X_c \tag{4-18}$$

$$Q_C = 3mnQ_{NC} = 3mnU_{NC}I_{NC} \tag{4-19}$$

串联电容器的调压功能依赖于其对输电线路电抗的影响，通过调整线路电抗，串联电容器能够有效控制输电线路末端的电压。这一过程的基本原理是通过串联电容器补偿部分线路电抗，从而减少电压损耗，提升线路末端的电压。

根据式 4-16，调压效果随着无功功率负荷的变化而变化，意味着当无功功率负荷增大（通常导致电压下降）时，串联电容器能抬高更多的电压，以抵消增加的损耗。反之，当无功功率减少时，电压提升效果也相应减小。

这种调压方式的一个优点是其自适应性。在无功功率负荷增大时，由于电压下降，正需要通过补偿来提高电压，串联电容器的功能恰好满足了这一需求。这使得串联电容器成为动态负荷变化较大的电力系统中理想的电压调节解决方案。然而，串联电容器的调压效果在一些情况下可能较为有限。特别是在负荷功率因数较高或输电线路导线截面较小的情况下，线路本身的电抗对电压损耗的影响较小，因此串联电容器提供的调压效果也会相对较低。因此，通常在供电电压为 35 kV 或 10 kV 的输配电线路上使用串联电容器，特别是在那些负荷波动大且频繁、功率因数较低的场景中，使用串联电容器调压能够发挥最大的效益。

五、电力系统电压控制措施的比较

在电力系统中实施电压控制的方法多样，选择适当的措施取决于系统的具体需求和现有的无功功率供应情况。

首先，对于拥有充足无功功率供应的电力系统，发电机调压是一种直接且成本效益高的方法。这种方法不需要额外设备或投资，通过调整发电机的励磁来控制输出电压，直接响应电网的即时电压需求。然而，在电力系统中，特别是当个别负荷变化大且不规律时，单靠发电机调压可能无法满足电压质量的要求。在这种情况下，采用变压器有载调压（OLTC）是更灵活且方便的选择。OLTC 可以在不断电的情况下调整变压器的变比，适应不断变化的负荷条件，保证电压稳定。对于无功功率供应不足的电力系统，首要任务是增强无功功率来源。这通常涉及使用并联电容器、调相机或静态补偿器等设备来增加系统的无功功率，以改善电压水平和减少输电过程中的功率损耗。这些设备不仅能提高电压质量，还能通过优化功率因数来提升系统整体的能效和稳定性。

第四节　电力系统无功率电源的最优控制

在电力系统中，无功功率的平衡对于维护电压质量至关重要。而无功功率电源的合理分布是充分利用无功电源、改善电压质量和减少网络有功损耗的重要条件。由于无功功率在输电过程中会引起有功损耗，因此，优化无功功率电源的分布成为减少损耗的关键策略。无功功率电源的最优控制主要是通过合理调配各个无功电源，从而达到减少整个电网有功功率损耗的目的。通过精确控制，可以确保每一个无功电源都在最佳效率下运行，进而实现整个电力系统效率的最大化。

电网中的有功功率网损可表示如下，即所有节点注入功率的函数

$$\Delta P_\Sigma = \Delta P_\Sigma(P_{G1}, P_{G2}, \cdots, P_{Gn}, Q_{G1}, Q_{G2}, \cdots, Q_{Gn}) \quad (4-20)$$

则无功功率电源在满足

$$\Sigma Q_{Gi} - \Sigma Q_{Di} - \Delta Q_\Sigma = 0 \quad (4-21)$$

的条件下，ΔP_Σ 达到最小。

式中，ΣQ_{Gi} 为电网中的无功功率电源，ΣQ_{Di} 为电网中的无功负荷，ΔQ_Σ 为电网中的无功功率损耗。

通过使用拉格朗日乘数法构造拉格朗日函数

$$L = \Delta P_\Sigma - \lambda \left(\sum Q_{Gi} - \sum Q_{Di} - \sum Q_\Sigma \right) \quad (4-22)$$

将拉格朗日函数 L 分别对各无功功率电源 Q_{Gi} 和拉格朗日乘数 λ 取偏导数，并令其等于零，则

$$\frac{\partial L}{\partial Q_{Gi}} = \frac{\partial \Delta P_\Sigma}{\partial Q_{Gi}} - \lambda \left(1 - \frac{\partial \Delta Q_\Sigma}{\partial Q_{Gi}} \right) = 0, i = 1, 2, \cdots, m \quad (4-23)$$

$$\frac{\partial L}{\partial \lambda} = -\left(\sum Q_{Gi} - \sum Q_{Di} - \sum Q_\Sigma \right) = 0 \quad (4-24)$$

由此可以得到无功功率电源最优控制的条件为

$$\frac{\partial \Delta P_\Sigma}{\partial Q_{Gi}} \times \frac{1}{1 - \frac{\partial \Delta Q_\Sigma}{\partial Q_{Gi}}} = \lambda \quad (4-25)$$

式中，$\frac{\partial \Delta P_\Sigma}{\partial Q_{Gi}}$ 为网络中有功功率损耗对于第 i 个无功功率电源的微增率；$\frac{\partial \Delta Q_\Sigma}{\partial Q_{Gi}}$ 为无功功率网损对于第 i 个无功功率电源的微增率。

从该式可以看出，为了最小化有功功率损失，每个无功功率源增加单位无功功率对应的有功功率损失增量应该相等。这是系统效率最高时的状态，即所有节点的无功功率网损微增率相等。

在无功电源充足且布局合适的前提下，电力系统无功功率最优控制策略可以概括为以下方法：

（1）根据有功负荷经济分配的结果进行功率分布的计算。电网的有功负荷需进行经济分配，即按照最低成本原则分配各个发电机的有功输出。这一步骤通常依靠线性编程或其他优化算法完成，确保总体成本最低，同时满足网络的安全和稳定运行要求。在有功功率经济分配的结果基础上，进行无功功率的分配计算。无功功率分配的主要目的是维持电网的电压稳定和合理。这涉及如何合理分配各无功电源的输出，以补偿传输过程中的电压损耗。计算无功功率分布首先需要确定各个节点的无功需求和已有无功功率资源，然后依据系统的电压调控要求和线路的电抗特性，通过迭代计算或优化算法调整无功输出，以达到电压稳定的目标。

（2）计算每个无功电源点的 λ 值。λ 值表征增加无功出力对网络有功损耗的影响：若 $\lambda < 0$，增加该点的无功输出会减少网络的有功损耗；反之，若 $\lambda > 0$，增加无功输出会增加网络的有功损耗。所以，为了减少网络损耗，对于 λ 的电源节点，应增加无功功率输出，这不仅有助于减少有功损耗，还能改善电网的电压质量；而对于 $\lambda > 0$ 的节点，则应当减少无功输出，以避免不必要的能耗和可能引起的电压过高问题。调整过程中，需要关注的是使 λ 达到最小的电源节点应增加输出，而 λ 最大的电源应减少输出。调整后，需要重新计算功率分布，以确认调整是否有效，并继续迭代优化直至达到最佳电压和损耗水平。

（3）功率分布的再计算及平衡发电机的功率调整。经过一次无功功率的调整后，必须对整个网络的功率分布进行再计算，这是为了评估调整的效果，并为进一步的优化提供数据支持。特别是平衡发电机，其输出功率的变化直接反映了网络损耗的变化情况。

平衡发电机作为系统功率和电压调整的主要参照点，通常位于电网的核心位置，负责补偿总体功率的不平衡。在无功功率控制后，如果平衡机的输出功率有所减少，说明网络损耗得到了有效控制，系统的效率提高。这种情况下，应继续执行无功功率的调控策略，进一步优化直到平衡机的输出功率不再减少为止。这个过程可能需要多轮调整，每次都需要详细分析各节点的电压和功率情况，确保每次调整都是在提高系统整体性能的方向上进行。通过这样的迭代过程，可以最大程度地减少网络的有功损耗，优化电力系统的经济运行和稳定性。

在电力系统中，配置无功补偿设备的控制策略与无功功率电源的优化分配原则相似，但主要区别在于引入了设备投资的经济考虑。无功补偿设备的配置目标是在保证系统稳定和电压质量的同时，实现总体经济效益的最大化。

对于电力系统中的任一节点 i，设置无功补偿设备的经济效益可以通过以下数学表达式来评估：

$$F_e(Q_{Ci}) - F_C(Q_{Ci}) > 0 \quad (4\text{-}26)$$

其中，$F_e(Q_{Ci})$ 是由于安装补偿设备 Q_{Ci} 而节省的网络有功功率损耗费用，而 Q_{Ci} 是安装该设备所需的投资费用。

节点 i 的最优补偿容量确定条件是使得下面函数值最大化，

$$F = F_e(Q_G) - F_C(Q_G) \quad (4\text{-}27)$$

节省的费用 F_e 可以表示为：

$$F_e(Q_{Ci}) = \beta(\Delta P_{\Sigma 0} - \Delta P_\Sigma)\tau_{\max} \quad (4\text{-}28)$$

其中，β 是单位电能损耗价格，β 和 ΔP_Σ 分别是安装补偿设备前后电力网在最大负荷下的有功功率损耗，τ_{max}是电力网最大负荷损耗小时数。

为补偿设备Q_{Ci}需要的投资费用$F_C(Q_{Ci})$为：

$$F_C(Q_{Ci}) = (\alpha + \gamma)K_C Q_{Ci} \quad (4-29)$$

其中α和γ分别是折旧维修率和投资回收率，K_C是单位容量补偿设备投资。

将式4-28和式4-29代入式4-27计算，可以得到：

$$F = \beta(\Delta P_{\Sigma 0} - \Delta P_{\Sigma})\tau_{max} - (\alpha + \gamma)K_C Q_{Ci} \quad (4-30)$$

对式4-30表达式关于Q_{Ci}的偏导数求解并设为0可得：

$$\frac{\partial \Delta P_{\Sigma}}{\partial Q_{Ci}} = -\frac{(\alpha + \gamma)K_C}{\beta \tau_{max}} \quad (4-31)$$

这个结果表明，为了实现经济效益最大化，每个补偿点在装设的最后一个单位补偿容量应使得网络损耗减少的成本等于$\frac{(\alpha + \gamma)K_c}{\beta \tau_{max}}$。按此原则配置补偿容量将达到最大经济效益。

第五章 电力系统调度自动化

第一节 电力系统调度自动化概述

一、电网调度自动化系统

(一)电网调度自动化系统的定义

电网调度自动化系统是指利用计算机技术、通信技术和自动化技术，实现对电力系统运行状态的实时监控、分析、调度和控制的系统。其主要目的是提高电力系统的运行效率和可靠性，确保电力供应的稳定性和安全性。通过电网调度自动化系统，可以实现对发电、输电、配电及用电过程的全方位管理和控制，从而优化电力资源的配置，降低运行成本。

(二)电网调度自动化系统的分类

电网调度自动化系统可以根据不同的标准进行分类，主要包括以下几种：

1. 按功能划分

(1)监视控制与数据采集系统(SCADA)。监视控制与数据采集系统(SCADA，Supervisory Control and Data Acquisition)是电力系统调度自动化的核心部分，主要负责实时监测电力系统的运行状态。SCADA系统通过遍布电力网络的传感器和设备，采集包括电压、电流、频率、开关状态等在内的各种数据，并将这些数据传输至调度中心进行处理。调度中心的操作员可以通过人机界面监控电力系统的实时运行状态，进行必要的操作和控制。SCADA系统的高实时性和可靠性确保了电力系统的安全稳定运行，并为进一步的高级应用系统（如EMS和DMS）提供了基础数据支持。

（2）SCADA+AGC/EDC。AGC/EDC是指自动发电控制/经济调度控制。SCADA系统通过实时监测电力系统的运行状态，采集和处理各种数据，为AGC/EDC功能提供基础数据支持。AGC旨在实现以下目标：使发电机出力紧密跟踪系统负荷变化，将系统频率误差调整为零，保持与其他系统的联络线潮流为合同预定值，并优化发电机组出力分配以最小化运行成本。EDC通过在线计算，每几分钟执行一次，优化电力系统的经济运行。在SCADA基础上增加AGC/EDC功能，可以实现电力系统的实时闭环控制。AGC程序每隔几秒钟执行一次，确保系统实时响应负荷变化和频率调整，EDC则通过频繁的在线计算，不断优化系统运行效率。SCADA+AGC/EDC的组合，使电力系统能够在确保安全稳定的同时，实现高效经济的运行。

（3）能量管理系统（EMS）。能量管理系统（EMS，Energy Management System）是在SCADA系统基础上进一步发展而来的高级应用系统。EMS系统不仅具备SCADA系统的实时监控和控制功能，还增加了多种高级应用功能，以提高电力系统的经济性和可靠性。EMS的核心功能包括负荷预测、经济调度、优化调度、网络分析等。负荷预测功能根据历史数据和环境因素预测未来的电力需求，为调度决策提供依据。经济调度和优化调度功能通过数学模型和算法，在满足安全约束的前提下，优化发电机组的启停和出力分配，降低运行成本。网络分析功能则通过潮流计算、故障分析等手段，评估电力系统的运行状态，预防和处理潜在问题。EMS系统的应用不仅提高了电力系统的运行效率，还提升了电力供应的安全性和可靠性。

2.按层级划分

（1）国家级调度自动化系统。国家级调度自动化系统负责管理全国范围内的电力系统调度，主要任务是协调和优化各大区域之间的电力交换和调度运行。该系统通过实时监控全国电力网络的运行状态，确保电力资源在全国范围内的合理分配和高效利用。国家级调度系统能够处理跨区域的电力传输需求，平衡不同区域的发电和用电情况，避免区域性电力短缺或过剩。此外，国家级系统还负责应对重大电力事件和自然灾害，协调全国范围内的电力支援和应急响应，确保在突发情况下快速恢复电力供应。该系统的高效运作对于维护国家电力系统的整体稳定性和安全性至关重要。

（2）区域级调度自动化系统。区域级调度自动化系统主要管理某一区域范围内的电力系统调度，协调区域内各省市之间的电力调度和资源配置。该系统在国家级调度系统的统筹下，具体负责区域内部的电力平衡和优化运行。区域级调度系统通过监测和分析区域内的电力需求和供给情况，合理安排发电和输电计划，确保区域内电力系统的安全稳定运行。同时，该系统还需要与其他区域进行电力交换，优化跨区域的电力调度和资源共享。区域级调度系统的高效运作，不仅能够提高区域内电力系统的运行效率，还能增强区域之间的电力合作和互助，为整个电力系统的可靠运行提供保障。

（3）省级调度自动化系统。省级调度自动化系统负责管理省级范围内的电力系统调度，主要任务是协调省内各市区之间的电力调度和运行。省级调度系统通过实时监控省内电力网络的运行状态，合理安排发电和输电，确保省内电力系统的安全稳定运行。该系统在区域级调度系统的指导下，具体执行省内电力调度计划，优化发电机组的运行方式和电力流向，以满足省内各地区的用电需求。此外，省级调度系统还需要应对省内电力突发事件和紧急情况，协调各市区之间的电力支援和应急响应，迅速恢复正常供电。省级调度系统的高效管理，是确保省内电力供应可靠性和经济性的关键。

（4）市级及以下调度自动化系统。市级及以下调度自动化系统负责管理市级及以下范围内的电力系统调度，主要任务是具体执行本地电力系统的运行和维护。该系统通过实时监测市区电力网络的运行状态，及时发现和处理电力故障，保障本地电力系统的稳定运行。市级调度系统在省级调度系统的指导下，合理安排本地的发电、输电和配电计划，优化本地电力资源的配置，以满足市区居民和企业的用电需求。该系统还需要管理本地的配电网，确保配电网络的可靠性和供电质量。市级及以下调度系统的高效运作，不仅能够提高本地电力系统的运行效率，还能提升电力服务的质量，为市民提供安全、稳定、可靠的电力供应。

3.按应用场景划分

（1）发电厂调度自动化系统。发电厂调度自动化系统主要用于发电厂内部的生产调度和管理，确保发电机组高效、安全运行。该系统通过实时监测发电机组的运行状态和参数，如功率输出、温度、压力等，实现对发电机组的自动化控制。系统根据电网需求，合理分配各发电机组的负荷，优化发电计划，确保电力供应的稳定性和经济性。此外，发电厂调度系统还负责协调设备维护和检修计划，预防和处理运行中的故障，提高发电厂的整体运行效率和可靠性。

（2）输电网调度自动化系统。输电网调度自动化系统主要用于输电网的运行管理，确保电力从发电厂高效、安全地输送到各配电网。该系统通过实时监控输电线路的运行状态，如电压、电流、功率等参数，检测和定位线路故障，快速采取应急措施。输电网调度系统还负责调度输电线路的开关操作，调整电力流向，优化输电网络的运行，减少线损和提升输电效率。此外，系统还需要协调跨区域的电力交换，维持电网的稳定运行，防止大规模停电事故的发生。

（3）配电网调度自动化系统。配电网调度自动化系统专注于配电网的运行管理，确保电力从输电网高效、安全地分配到最终用户。该系统通过实时监控配电线路的运行状态，管理配电变压器、开关和断路器等设备，实现对配电网络的全面控制和优化。配电网调度系统能够快速定位和处理线路故障，自动隔离故障区域，恢复非故障区域的供电，减少停电时间和范围。系统还负责负荷控制和电压调节，优化配电网络的电力流向，提升供电质量和可靠性,确保用户端的稳定电力供应。

(三)电网调度自动化系统的基本结构

在电网调度自动化系统中,分为四个子系统:信息收集和执行子系统、信息传输子系统、信息处理子系统和人机联系子系统。如图 5-1 所示。

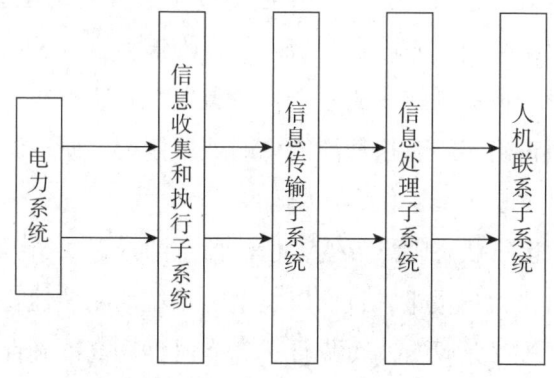

图 5-1 调度自动化系统的基本结构

1.信息收集和执行子系统

信息收集和执行子系统的主要任务是收集和执行电力系统运行状态的实时信息,并根据运行需要提供必要的监视、分析和控制信息。

在电力系统中,各发电厂、变电所或输电线路上分布着大量的传感器和监测设备,这些设备实时监测电力系统的各种运行参数,如频率、电压、功率潮流、断路器状态等。该子系统对这些数据进行收集后,通过远动装置将其传送到调度控制中心。在现代化的电力系统调度控制中,信息收集和执行子系统还需要收集与电力系统运行相关的环境信息,如温度、湿度、云层覆盖度等。这些环境信息对电力系统的运行有重要影响,例如温度和湿度可以影响输电线路的传输能力,云层覆盖度可以影响光伏发电的效率等。因此,收集这些信息可以帮助调度控制中心更全面地了解电力系统的运行环境,做出更精准的调度决策。

信息收集和执行子系统不仅负责信息的收集,还承担着执行上级控制中心命令的任务。当调度控制中心发出操作、调节或控制命令时,这些命令会通过信息收集和执行子系统传达到各相关设备。比如，当需要进行开关操作、启动发电机组、调整发电机功率、调节电压或者投切电容器电抗器时，信息收集和执行子系统会将这些命令传递到相应的操作机构，并确保这些命令得到正确执行。在这个过程中，信息收集和执行子系统能够根据电力系统的运行规律和调度控制中心的要求，智能地处理和转发命令。例如，当接到调度控制中心的命令后，信息收集和执行子系统可以按照预定的规则和逻辑，将命令转发给各个相关装置，并监控这些装置的执行情况，确保命令的正确实施。这种智能化的处理能力，使得调度控制中心能够更高效、更准确地管理电力系统的运行。

电力系统的运行状态瞬息万变，任何信息的延迟或错误都可能导致调度控制中心做出错误的决策，进而影响电力系统的稳定运行。因此，信息收集和执行子系统必须具有高可靠性、高实时性和高准确性，以确保电力系统的安全、稳定和高效运行。

2.信息传输子系统

信息收集子系统采集到的各种运行状态数据和环境信息，需要通过信息传输子系统及时、无误地传送到调度控制中心，以便调度员和自动化系统进行实时分析和决策。

现代电力系统的信息传输主要依赖电力线载波通信、数字微波通信和光纤通信等技术。光纤通信凭借其高带宽、低延迟和强抗干扰能力，成为电力通信主干网络的主要手段。光纤通信的优越性能使其能够传输大量数据，满足现代电力系统对信息传输速度和容量的高要求。数字微波通信作为辅助手段，也在一些特殊地理环境或需要快速部署的场景中发挥着重要作用。

信息传输子系统的建设投资巨大，涉及广泛的地理区域，且需要克服天气、环境和其他意外因素的影响。因此，在设计和建设信息传输子系统时，必须考虑到多方面的因素，确保其可靠性、快速性和准确性。合理的规划和布局是关键，通过优化网络结构，选择适合的通信技术和设备，可以有效降低建设和维护成本，同时保证信息传输的高效性。此外，信息传输子系统还必须具备一定的冗余设计，以应对突发事件和网络故障。例如，在光纤通信网络中，可以通过环网结构设计，提高网络的容错能力，确保在某一段光纤故障时，信息依然可以通过其他路径传输到调度控制中心。

3.信息处理子系统

信息处理子系统是调度自动化系统的核心，其基本功能如下：

（1）实时信息处理。在电力系统运行中，采集到的原始数据不可避免地包含测量误差、传输误差和外界干扰等，这些误差可能影响调度决策的准确性。为确保数据的准确性和完整性，信息处理子系统需要对采集到的实时信息进行加工处理。首先，通过状态估计等技术，系统可以利用收集到的多余信息来校正和消除误差。例如，状态估计技术可以通过数学模型和算法，综合分析多个冗余测量数据，推断出最接近实际情况的运行参数，从而改进原始信息的精确度。此外，信息处理子系统还必须将处理过的信息存储在反映电力系统实时状态的数据库中。这些数据库为所有电力系统调度、监视和运行控制提供统一的、精确的数据支持。在实时信息处理过程中，系统会根据预先设定的参数上、下限值，校核实时信息。如果某个电压值超出设定的安全范围，系统会通过故障显示或报警功能，及时提醒运行人员采取相应的控制措施。通过这样的机制，信息处理子系统不仅确保了数据的准确性，还提升了电力系统运行的安全性和可靠性。

（2）离线分析。离线分析主要针对历史数据和运行记录，进行深入的分析和研究，为电力系统的优化运行提供决策支持。在离线分析过程中，系统会利用存储在数据库中的大量历史数据，通过数据挖掘、统计分析和数学建模等方法，揭示电力系统运行中的规律和趋势。例如，通过对历史负荷数据的分析，系统可以预测未来的负荷需求，为调度计划和发电计划提供科学依据。此外，离线分析可以评估不同调度策略和控制方案的效果，优化调度决策。例如，通过对不同负荷条件下的发电机组运行数据进行分析，系统可以找到最佳的发电组合和调度策略，降低运行成本，提高经济效益。

在离线分析过程中，信息处理子系统还可以进行模拟仿真，通过构建电力系统的数字模型，模拟不同运行条件下的系统行为，为调度决策提供预测性分析和验证。这种模拟仿真技术可以在不影响实际系统运行的情况下，测试和优化各种调度策略和应急预案。

（3）电能质量的分析计算。电能质量是衡量电力系统运行优劣的一个关键指标，信息处理子系统通过实时采集和处理电力系统中的电压、电流、频率等参数，利用各种分析算法和工具，对电能质量进行全面监测和评估。

电能质量的分析计算包括以下两部分。第一，通过调节发电厂的出力分配来维持系统频率在额定值，并确保联络线的交换功率符合预定值。这个过程通常由自动发电控制（AGC）系统完成，AGC系统每隔几秒钟执行一次计算，根据系统实时负荷变化，发出增加或降低发电机组出力的控制信号，以维持系统的频率稳定和功率平衡。第二，通过调节发电机的励磁系统、变压器的分接头及并联电容器（或电抗器），调整电压水平，并优化无功功率分布以最小化线损。在实际运行中，信息处理子系统会定期校验系统电压，当电压偏离超出规定范围时，启动电压控制计算，发出调整命令。此外，系统还会定期进行最小线损计算，优化无功功率配置，进一步提高电力系统的运行效率。

通过电能质量分析计算，信息处理子系统能够为运行人员提供实时的电能质量数据和报告，帮助他们及时发现和解决电能质量问题，确保电力系统运行的安全性和可靠性。同时，电能质量分析也是优化电力系统运行的重要手段，有助于提高系统的运行效率和经济效益。

（4）经济调度计算。经济调度的目的是在满足电力系统安全运行的前提下，合理分配各发电机组的出力，降低发电成本，提高系统的运行效益。信息处理子系统通过对实时和历史数据的分析，结合电力系统的运行状态和负荷预测，计算出最优的发电计划和调度方案。

经济调度计算包括多种算法和模型，如最优潮流计算、单位承诺、负荷分配等。最优潮流计算通过数学模型，优化电力系统中各发电机组的功率输出，使系统运行成本最低。单位承诺则是在一定时间范围内，确定哪些发电机组应投入运行，哪些应停止运行，以实现成本最小化。负荷分配是在确定发电机组运行状态后，进一步优化各机组的出力分配，确保负荷需求得到满足。在实际操作中，经济调度计算需要综合考虑多个因素，如燃料成本、机组启停成本、环境保护要求等。信息处理子系统通过实时监测和数据分析，动态调整调度策略，确保电力系统在各种运行条件下都能实现最优经济效益。

经济调度计算不仅提高了电力系统的运行效率，还降低了电力生产的成本，为电力企业带来了显著的经济收益。同时，通过优化调度，减少不必要的燃料消耗和排放，有助于实现节能减排目标，促进电力系统的可持续发展。

（5）运行状态安全性的分析和校正。电力系统运行过程中，可能会遇到各种异常情况和故障，如设备故障、过载、短路等，这些问题如果不及时发现和处理，会对系统的安全运行造成严重威胁。信息处理子系统通过实时监测和数据分析，对电力系统的运行状态进行全面评估，识别潜在的安全隐患，并采取相应的校正措施。

运行状态安全性分析包括潮流分析、短路故障分析、稳定性分析等。潮流分析是评估电力系统中各节点电压和线路功率流动情况，确保系统在各种运行条件下都能保持稳定。短路故障分析是评估系统在发生短路故障时的响应能力，确定故障电流大小和影响范围，为系统的保护和恢复提供依据。稳定性分析是评估系统在受扰动后的稳定性，如频率稳定性、电压稳定性和转子角稳定性等，确保系统在各种扰动条件下都能迅速恢复到稳定状态。在发现运行状态异常或潜在隐患时，信息处理子系统会通过报警、故障显示等方式提醒运行人员，并自动采取校正措施，如调整负荷分配、切除故障设备、启动备用电源等，以恢复系统的正常运行。通过运行状态安全性的分析和校正，信息处理子系统不仅提高了电力系统的安全性和可靠性，还增强了系统对突发事件的应对能力，确保电力供应的连续性和稳定性。

（6）人机联系子系统。人机联系子系统负责将计算机分析的结果以易于理解和操作的形式显示给调度员。通过该系统，调度员可以获取电力系统的实时状态信息，了解关键信息并掌握系统的运行情况，使他们能够及时作出判断并实施决策，从而实现对电力系统的实时控制。

人机联系子系统包含多个设备，主要有以下几种：

①屏幕显示器。屏幕显示器是人机联系子系统中的核心设备之一，用于显示电力系统的实时状态和各类数据信息。现代屏幕显示器采用高分辨率图形界面，可以动态呈现电力系统的运行情况，包括电压、电流、频率、功率潮流等参数。调度员通过屏幕显示器，可以直观地观察系统状态、查看警报信息和进行趋势分析。此外，屏幕显示器支持多窗口操作，调度员可以同时监控不同部分的运行情况，提高了工作效率和反应速度。屏幕显示器的清晰、直观和多功能特性，使其成为调度自动化系统中不可或缺的设备。

②操作键盘。操作键盘是调度员与调度自动化系统进行交互的重要设备。通过键盘，调度员可以输入指令、调整参数和控制系统设备。键盘的设计通常考虑到电力系统操作的特殊需求，提供快捷键和专用功能键，方便调度员快速执行常用操作。操作键盘的高响应性和可靠性，确保调度员能够及时、准确地对系统进行操控，尤其在紧急情况下，操作键盘能够帮助调度员迅速采取措施，维护电力系统的安全稳定运行。

③音响报警装置。音响报警装置是用于在电力系统出现异常或故障时，及时提醒调度员的重要设备。当系统检测到超出预设阈值或设备故障的情况，音响报警装置会发出警报声，迅速引起调度员的注意。即时的声音提醒可以帮助调度员快速反应，查明原因并采取相应措施，防止事态扩大。音响报警装置的可靠性和敏感性，对提高系统运行的安全性和减少故障影响具有重要意义。

④语音输入输出装置。语音输入装置允许调度员通过语音命令与系统进行互动，减少了手动输入的时间，提高了操作效率。语音输出装置则可以将系统的反馈、警报信息和操作提示以语音形式播报，使调度员能够在目不转睛监控屏幕的同时，获取必要的信息。

⑤调度员工作站。调度员工作站是供调度员进行人机交互的台式或桌式计算机，亦称为图形工作站或人机交互工作站。它集成了屏幕显示器、键盘、鼠标和其他输入输出设备，提供一个综合的操作平台。调度员工作站具有高性能计算能力，能够运行复杂的调度软件和图形界面，显示电力

系统的实时状态、历史数据和分析结果。通过工作站，调度员可以进行监控、控制、数据分析和报告生成等操作。调度员工作站的设计注重人机工程学，确保操作的舒适性和效率。

⑥模拟屏。模拟屏是传统电力系统调度中用于显示系统运行状态的设备，通过灯光、指示器和显示板，直观地反映电力系统的运行情况。尽管现代调度系统广泛采用图形显示器，模拟屏仍然在一些场景中保留，作为备用显示设备。模拟屏能够提供全局视图，使调度员能够快速了解系统的整体运行状态，尤其在大型和复杂的电力系统中，模拟屏的直观展示功能仍然具有不可替代的优势。

⑦记录设备。记录设备在调度自动化系统中用于记录电力系统的运行数据、故障事件和操作日志，主要包括打印机、数据记录仪和绘图仪等，通过记录设备，可以生成纸质或电子形式的报告和图表，保存系统运行的历史数据。记录设备的可靠性和精度，对于后续的故障分析、运行优化和决策支持具有重要意义。此外，记录设备还可以为调度员提供实时的操作反馈和记录，确保操作的可追溯性和透明性。

二、电力系统调度自动化的发展历程

电力系统调度自动化随着电力系统的发展不断进步。在电力系统最初形成时，由于通信设备等技术装备的限制，上行和下行信息只能通过电话传送，调度人员需要耗费大量时间才能获取有限的系统运行状态信息。为了确保电力系统的可靠运行，在发生事故时，除了依靠继电保护装置和电源及负荷的紧急控制装置外，调度人员和发电厂、变电站的运行人员主要依据这些有限的、非实时的信息和他们的运行经验来判断并进行调度和操作。电力系统的监视和控制功能大部分由发电厂和变电所的运行人员直接完成，这使得电力系统的监控和控制在速度和准确性方面受到很大限制。因此，为了提高电力系统调度自动化水平，必须应用先进的控制理论和技术。电力系统调度自动化的发展可以分为三个阶段：

（一）电力系统调度自动化的初级阶段

这一阶段的自动化调度主要通过布线逻辑式远动技术实现，该技术的核心是"四遥"系统：遥测、遥信、遥控和遥调。遥测技术使调度中心能够实时获取系统中的电量数据，而遥信技术则提供系统设备状态的实时更新，如断路器的事故跳闸等紧急情况，调度员可以通过模拟屏立即"看到"并作出反应。遥控技术允许调度人员在调度中心通过简单的命令直接对电网中的开关进行合闸或断开操作，而遥调技术则使调度人员能够调整发电机的输出，优化系统运行，保持电网的稳定和经济运行。

（二）电力系统调度自动化的第二阶段

随着电力系统结构和运行方式的复杂化，以及工业与民用对电能质量和供电可靠性要求的提高，仅依赖传统的远动技术已无法满足日益增长的需求。因此，电子计算机的引入成为解决这一问题的关键。

电子计算机的引入初期，主要是用于实现电力系统的经济调度。自20世纪60年代开始，计算机在电力系统中的应用显著提高了电力系统的经济运行效率。然而，随着几起大规模停电事故的发生，人们开始意识到电力系统安全的重要性远超经济调度，计算机系统必须参与到电力系统的安全监视和控制中，SCADA系统开始应用。通过装备大型数字计算机或超级小型机系统，调度中心能够处理来自整个电网的大量数据。在厂站端，基于微机的远方终端的部署，使得数据采集更为精准和迅速。与旧式布线逻辑式远动装置相比，SCADA系统大大提高了信息的数量和质量，这对于提高电力系统的安全监控和事故预防具有至关重要的作用。基于SCADA系统，电力系统调度自动化进一步演进，发展出功能更加全面的能量管理系统。此外，还研发了一种调度员仿真培训系统（DTS），该系统能够模拟电力系统中的各种可能事故情景，用于训练调度员应对实际操作中可能遇到的各类挑战。

（三）电力系统调度自动化的快速发展阶段

得益于计算机技术、通信技术和网络技术的迅猛进展，电力系统调度自动化进入了快速发展阶段。调度自动化系统功能越来越丰富，系统结构和配置发生了很大的变化，仅在几年时间内，就从集中式架构转变为分布式，再进一步演化为开放式分布式系统。

第一代为集中式结构，在 20 世纪 80 年代，我国引进并运行的四大电网调度自动化系统是这一代系统的代表。这种系统主要由主机、前置机和远程终端单元（RTU）组成，虽然在当时已经具备了较高的自动化水平，但仍以集中处理为主，这在一定程度上限制了系统的灵活性和扩展性。随着技术的发展，第二代电网调度自动化系统采用了客户端/服务器（Client/Server）分布式网络结构，系统架构向更高效、更灵活的方向演进。分布式结构允许系统更好地分散处理任务，提高了系统的稳定性和可靠性，同时也方便了系统的维护和升级。第三代调度自动化系统转向开放型分布式系统。这一代系统采用面向对象的技术，将各种应用以组件的形式封装，实现了软件和硬件的高度模块化和标准化。开放系统结构不仅支持即插即用的组件，还能够跨平台操作，极大地提高了系统的灵活性和扩展性。

在电力市场化改革的背景下，电力系统运行的复杂性明显增加。新的市场环境要求调度自动化系统不断适应和响应市场的变化，扩充和丰富其高级应用软件。例如，系统需要处理机组的优化组合、水火电的协调、计算最大输电能力、生产成本、制定备用调度计划、计算输电费用、辅助服务费用及优化输电路径等多项功能，这些功能的集成和实施，使得电网调度自动化系统不仅能够满足传统的电力系统运行需求，也能适应新兴的市场导向运行模式。

第二节　远方终端

远方终端（Remote Terminal Unit, RTU），也称远动终端，是电力系统调度自动化中的关键设备。远方终端通常安装在各个变电站或发电厂中，其主要职责是采集可以反映电力系统运行状态的各种数据，并将这些数据实时传送到调度中心,确保调度中心能够准确掌握电网的实时运行信息。除了数据采集和传输外,远方终端还具备执行功能。根据调度中心下发到发电厂或变电所的控制命令和调节指令,远方终端可以直接控制现场设备,如合闸或断开断路器等,实现对电力系统的远程自动控制。

一、远方终端的功能

远方终端的任务包括远方功能和当地功能:

(一)远方功能

1.遥测

遥测功能是远方终端的核心功能之一,专注于远程测量和传输被监控发电厂或变电站的关键电气参数到调度中心。此功能主要涉及模拟量的测量,即那些直接表征电力系统实际运行状况的电气量,如发电机组、调相机组、变压器及输电和配电线路的有功功率和无功功率。此外还包括对电流、电压和非电参数(例如变压器油温)的监测。这些参数的实时准确监测对于电力系统的稳定运行和高效管理至关重要。一个远方终端通常能处理数十到上百个遥测量,这使得调度中心能够获得一个全面的、实时更新的电力系统运行图像,从而更好地做出运行和控制决策。

2.遥信

遥信功能,也称为远程信号,是远方终端的另一重要功能,负责监控并传输发电厂或变电站设备的状态信号到调度中心。这些信号通常包括断路器和隔离器的位置状态、继电保护和自动装置的动作状态及发电机组和远动设备的运行状态等。遥信功能对于维持电力系统的安全性和可靠性极为关键,因为它提供了设备运行状态的即时数据,帮助调度中心及时掌握任何可能影响系统稳定或安全的设备行为。在事件或故障发生时,遥信信号能够迅速被传送到调度中心,确保有足够的响应时间来采取必要的操作,以防止故障扩散或系统损害。通常情况下,一台 RTU 可以处理几十到几百个遥信量,确保对大范围设备状态的全面覆盖。

3. 处理数字值

数字值在远方终端（RTU）中指的是那些以数字格式直接输入 RTU 的物理量，通常包括电力系统中的关键参数，如电能频率和水力发电厂的水库水位等。RTU 按照特定的规约处理这些数字量，并将它们发送到调度中心，以支持实时的监控和决策制定。

4. 采集计数脉冲

在电网监控系统中，RTU 采集的计数脉冲是指反映电能量的脉冲信号。这些脉冲信号通常来源于电表，反映消耗的电能量。RTU 能够直接接收这些脉冲信号并进行累计，随后将累计的电能数据定时发送到调度中心。

5. 遥控

远方终端的遥控功能允许调度中心从远程位置直接控制电网中的各种设备，如断路器、隔离开关及其他关键开关设备。例如，在发生故障或需要重新配置电网负载时，调度中心可以指令 RTU 进行必要的开关操作，如合闸或分闸动作，以隔离故障部分或重组网络结构。

6. 遥调

遥调功能是 RTU 中的一项高级功能，使调度中心能够远程调整电网中的运行参数，如变压器的分接头位置、发电机的出力设置及电压调节器的设置。这种调整有助于维持电网的电压稳定性、改善功率因数或优化系统运行效率。通常，一台 RTU 可以实现对几个甚至十几个这类装置的远方调节。

6. 事件顺序记录

事件顺序记录（SOE）功能用于精确记录和传输电力系统中发生的事件。当 RTU 检测到遥信状态发生变化时，即使性地记录并组织变位信息，包括事件的确切时间、变化后的状态及涉及的开关或设备的序号。这些信息按照特定的通信规约（如 CDT）优先发送到调度中心，确保调度人员可以实时接收到所有关键事件的详细记录。

7.事故追忆

事故追忆功能使 RTU 能够在检测到系统内发生故障时,自动记录并回顾故障发生前后的关键参数,如电压和电流。这些数据被整理成事故追忆报告,随后发送至调度中心,供调度人员进行详尽的事故分析。

8.转发功能

转发功能允许 RTU 接收来自其他 RTU 的远动信息,并根据上级调度中心的需求,重新编辑和组装这些信息后转发到指定的调度中心。这一功能使得信息在电网中的传递更加灵活和高效,特别是在多级调度结构中,能够确保上级调度中心及时获取下级节点的详细运行数据。转发功能的实现提高了电力系统监控和管理的响应速度,加强了电网的整体运行效率和安全性。

(二)当地功能

远方终端的当地功能是指远方终端通过自身或连接的显示、记录设备,实现对电网的监视和控制的能力。

1.CRT 显示功能

远方终端的 CRT 显示功能使得操作员能够在本地实时监控电网的状态。通过与 RTU 连接的 CRT 显示器,可以展示发电厂或变电站的电气主接线图,这不仅包括发电机组的运行状态和断路器的位置状态等重要遥信量,还能显示电厂或变电站的实时运行参数。此外,任何事故变位遥信和遥测越限告警都能通过 CRT 显示器醒目地显示出来,使得现场操作人员能够迅速识别并响应潜在的电网问题或故障,增强了现场处理事故和维护系统稳定性的能力。

2.汉字报表打印功能

远方终端的汉字报表打印功能允许与 RTU 连接的打印机对电网的数据信息进行实体化记录和存档。这一功能支持多种打印任务,包括定时制表打印、召唤打印及事件记录随机打印。这使得操作员和技术人员可以随时获取历史数据和事件记录的物理副本,便于事后分析、审计和存档管理。

打印出的数据提供了一种非数字化的、可靠的信息备份方式，确保在电子数据访问受限或系统故障时，关键信息依然可用。

3.自检与自调功能

远方终端的自检与自调功能使得 RTU 在遇到程序错误或外部干扰导致程序异常时，能够自动恢复到正常工作状态。自恢复能力是 RTU 设计中的重要考虑因素，确保了系统的连续运行和稳定性，减少了人工干预的需求和潜在的操作错误。通过这种自动化的维护功能，RTU 的可用率和性能得到了显著提升，为电力系统的持续安全运行提供了坚强的后盾。

二、远方终端的结构

早期的 RTU 由分立元件组成，功能相对简单，只能采集有限的信息量。随着技术的进步，集成电路技术被引入 RTU 的设计中，形成了布线逻辑式 RTU，这种设计不仅增加了信息采集的数量，而且也增强了功能。现代的 RTU 则是以微计算机为核心的复杂计算机系统，具备多个输入/输出通道，并且功能丰富。现代 RTU 的硬件和软件可以根据特定需求通过模块化设计灵活组合，这使得它在工作中更加灵活，适应性强，并且具有较高的性价比。其典型结构如图 5-2 所示。

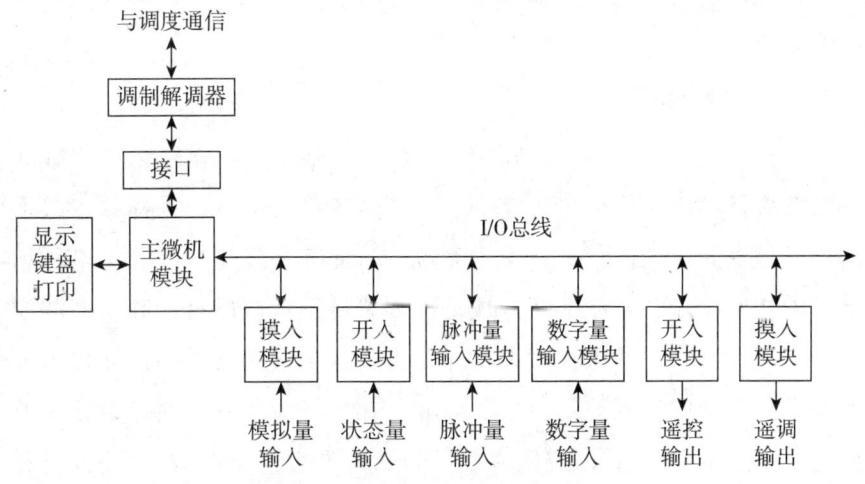

图 5-2 多 CPU 的远方终端基本结构

三、模拟量输入通道

(一)基于逐次逼近式A/D变换的模拟量输入电路

基于逐次逼近式A/D转换的模拟量输入电路通常由5个主要部分组成：电压形成回路、低通滤波电路、采样保持器、多路转换开关和A/D转换芯片。接下来，依次介绍这5部分的功能和工作原理。

1.电压形成回路

RTU要从电流互感器和电压互感器中获取信息，但在实际应用中，电流互感器和电压互感器输出的二次电流或电压值通常过高，不适合直接输入A/D转换器。因此，需要通过电压形成回路进行必要的信号转换。具体来说，电压变换器负责将电压互感器二次侧输出的电压降低到A/D转换器能接受的电压水平。同时，电流变换器将电流互感器二次侧的电流转换成电压信号，并对这个电压信号进行进一步的降低处理。

除了信号转换功能外，电压形成回路还具有隔离保护的功能。这种设计能够将一次设备的电流互感器和电压互感器的二次回路与微机A/D转换系统完全隔离，从而提高系统对外部干扰的抵抗能力。隔离不仅保护了A/D转换系统免受高电压和大电流的直接影响，还有助于确保数据的准确性和系统的稳定运行。

2.低通滤波电路

低通滤波电路主要用于滤除信号中的高频成分，以满足采样定理的要求并降低采样频率。根据采样定理，为了避免信号失真，采样频率必须至少为信号最高频率的两倍。在电力系统中，尤其在发生故障时，电压和电流信号中会包含较高频率的暂态成分。如果试图捕获所有的高次谐波成分而不产生失真，所需的采样频率将非常高，这不仅对硬件的速度提出了较高的要求，也会增加系统的成本。因此，在实际应用中，通过设置一个模拟低通滤波器(ALF)，限制输入信号的最高频率成分是一种更为经济和实用的方法。这种低通滤波器有效地去除了信号中不需要的高频部分，使得系统可以在较低的采样频率下运行而不损失重要信息，从而保持了信号的完整性并降低了系统的整体复杂性和成本。

3. 采样保持器

采样保持器（S/H）是模拟信号转换过程中不可缺少的一个环节，它的功能是在 A/D 转换期间"冻结"模拟信号的值。由于 A/D 转换器在完成一次完整的转换需要一定的时间（例如 AD574A 需要 25 μs），在这段时间内，输入的模拟信号必须保持稳定不变。如果模拟信号在转换过程中发生变化，将直接影响转换的准确性。采样保持器通过在瞬间采集并锁定模拟信号样本，确保了在 A/D 转换期间模拟信号的稳定性。这样，A/D 转换器可以在一个固定不变的信号水平上完成高精度的数字转换。采样保持器的使用显著提高了转换过程的准确性，使得系统能够处理快速变化的信号并提供准确的数字输出，是高质量数据转换的关键组件。

4. 多路转换开关

多路转换开关（MUX），或称采样切换器，是一个由 CPU 控制的高速电子切换开关。由采样保持器送来的多路模拟量共用一套 A/D 转换器，只有被选中的一路才可以通过多路开关进入 A/D 转换器，其余各量则需等候下一次的选择。

5. A/D 转换芯片

A/D 转换器是电力系统中转换模拟信号为数字信号的核心部件，其工作原理基于逐次逼近法，类似于天平称重方法。A/D 转换器内部的一个电压比较器首先将采样得到的模拟电压样本与最高电压"砝码"进行比较。如果模拟电压低于这个砝码，比较器随后会逐次添加较低位的电压砝码，每次都进行比较，直到电压平衡达成。这个过程逐步构建出模拟电压的精确数字表示，其值由添加的电压砝码的二进制总和来表示。此技术使得 A/D 转换器在保持高精度的同时，也能实现高效的转换速度，非常适合需要快速准确数据处理的应用场景。通过这种方式，A/D 转换器能够准确地将模拟世界的连续变化转换为数字世界的离散值，为后续的数字处理和分析提供可靠的基础。

（二）基于 V/F 转换的模拟量输入回路

V/F（电压/频率）转换的基本原理是将输入的模拟电压信号转换成相应的频率信号，频率的每个变化单位都直接对应输入电压的一个特定值。这样的转换提供了一种相对简单且高效的方式来数字化模拟信号，因为频率信号可以被简单的数字或逻辑电路直接读取和处理，而不需经过传统的 A/D 转换过程。

在实现 V/F 转换的过程中，关键的组件是 V/F 转换器。这种设备通常包括一个积分器、一个稳定的时钟源及一个数字计数器。工作时，积分器接收模拟电压信号并根据其电压级别调整输出脉冲的频率。电压信号越高，生成的脉冲频率也越高。然后，这些脉冲被送至数字计数器，后者在固定的时间间隔内计数脉冲，从而得到一个表示输入电压大小的频率值。

此技术的优点在于其高度的线性响应及优异的噪声抗扰能力。由于输出是频率信号，它自然地具有很高的噪声免疫特性，因为频率（而非振幅）携带了数据信息，这使得信号在长距离传输或在电气噪声环境中传输时不易受到干扰。此外，V/F 转换器通常不受温度变化或电源波动的影响，这增加了在各种工业环境下的应用可靠性。

四、模拟量输出通道

模拟量输出通道是在多种工业和自动化系统中用于将数字控制信号转换为可以直接用于驱动机械、调节阀门或者其他电气设备的模拟信号。这个任务主要由 D/A 转换器完成，它负责将微机系统输出的二进制数字量转换为连续的模拟信号。模拟量输出通道结构如图 5-3 所示。

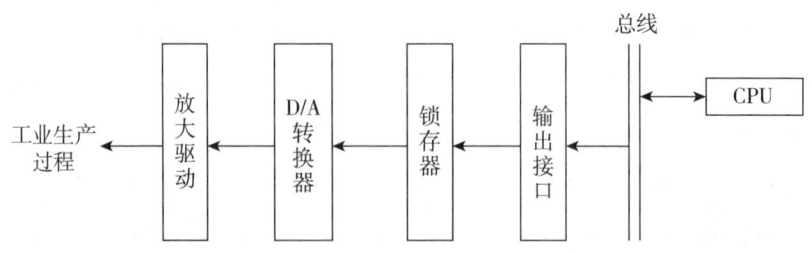

图 5-3 模拟量输出通道结构

在微机系统中，输出的数字数据通常在数据总线上只保持稳定很短的时间，这对于确保数据在转换过程中的准确性提出了挑战。为了应对这一问题，在 D/A 转换器和微机系统之间，通常会使用锁存器来保持数字量的稳定。锁存器的作用是在数据通过数据总线到达 D/A 转换器前，暂时存储这些数字数据，直到 D/A 转换器准备好进行转换处理。这样可以确保即使原始数据在数据总线上的存在时间很短，转换过程中使用的数据也是准确无误的。

D/A 转换器在接收稳定的数字输入后，开始转换过程，逐步将数字信号转化为模拟信号。这一过程涉及比较复杂的电子电路，转换器内部将数字量逐步解码成相应的电压或电流信号，通常需要进一步处理才能用于实际控制任务。为此，经过 D/A 转换器得到的模拟信号一般会先通过一个低通滤波器。低通滤波器的功能是平滑输出波形，滤除转换过程可能产生的高频噪声，确保输出的模拟信号更加纯净和稳定，适合用于精密控制。

为了使模拟信号能够有效驱动受控设备，模拟信号通常还需要经过一个功率放大器。功率放大器的作用是增强模拟信号的功率，使其能够驱动更大负载。在许多情况下，尤其是在工业应用中，控制信号需要驱动的设备对电流或电压的要求较高，此时，功率放大器成为实现有效控制不可或缺的一环。

五、开关量输入输出通道

在电力系统中，断路器的合闸或跳闸操作对电网的结构和数学模型造成直接影响，重新定义了系统的运行模式和电力流动。此外，监控重要设备如隔离开关的位置及继电保护和自动装置的状态同样关键。这类信息，通常通过遥信技术进行采集，可以简单地通过二进制的方式表示，其中"1"表示设备闭合或激活，而"0"表示设备断开或未激活。这种具有两种状态的信息一般被称为开关量信息，尽管它们是数字信号的一种，但通常只涉及一个二进制位。

对于开关量信息的处理，输入微机系统的电路被称为开关量输入通道，而从微机系统向远程设备输出的用于控制开关状态的则被称为开关量输出通道。断路器和隔离开关的位置信号通常源自它们的辅助触点。为了防止触点接触不良导致的信息错误，通常在回路中使用较高电压，如直流24 V或48 V。鉴于这些辅助触点位于高压配电装置的现场，并且连接导线较长且处于强电磁干扰环境中，为了防止这些连接线引入干扰，通常会在系统中增设RC滤波电路来消除高频干扰，并采取有效的隔离措施以确保信号的准确传输和系统的稳定运行。

（一）开关量输入通道

开关量输入通道主要通过光电耦合器实现电信号的隔离传输，确保信息的安全和准确。光电耦合器使用一种非接触式的传输方式，输入信号通过闭合开关S激活耦合器中的二极管，二极管随即发出光信号。这个光信号照射到光电晶体管上，使其进入饱和状态并导通，从而在输出端产生一个低电位的输出信号。由于传输介质为光，输入与输出之间不存在直接的电联系，这种设置有效地隔离了输入输出系统，防止了电磁干扰的影响。因此，光电耦合器不仅提高了信号传输的可靠性，也保证了系统的稳定性和安全性。这种隔离技术因其优良的抗干扰性和高效的信号处理能力，在电力系统的监控与控制中发挥着关键作用。

（二）开关量输出通道

开关量输出通道能将计算机系统的指令转换为实际物理动作。在技术实现上，开关量输出通道通常用继电器或固态开关（如晶体管）来执行这些控制命令。这些设备作为输出的执行元件，接收来自控制系统的数字信号（通常为"0"或"1"），并将其转化为相应的电气动作，如合闸或分闸。为了确保操作的可靠性和系统的安全，开关量输出通道也常配备有隔离功能，如光电隔离或磁电隔离，以防止高电压或电流回流到低电压控制系统中。此外，这些通道还装有适当的保护措施，如过载保护和短路保护，以确保在面对电网异常或操作错误时，能够安全地断开输出，防止对系统造成更大的损害。

第三节　数据通信与通信规约

在电网调度自动化系统中,数据通信是一个十分重要的环节。它负责将分布在不同地点的远方终端与调度中心的计算机系统相连,实现大量的信息交换。

一、数据通信系统的工作方式

数据通信系统的工作方式主要分为单工方式、半双工方式和全双工方式,这些方式根据信息传送的方向和时间的不同而有所区别。

(一)单工方式

单工通信方式是数据通信中最简单的一种形式,信息只在一个固定方向上流动,没有返回的路径。在单工模式下,通信设备被设定为仅发送或仅接收信息。这类似于无线电或电视广播,其中一个中心站(如广播站)向多个接收站(如收音机或电视机)传输信息,但接收站不能向广播站发送信息。单工系统的优点在于其结构简单,由于通信只在一个方向上进行,不需要复杂的控制逻辑来管理通信的方向,从而降低了系统的复杂度和成本。然而,单工系统的缺点是其交互能力非常有限,不适用于需要双向通信交流的应用场景。

(二)半双工方式

半双工通信方式允许数据在两个方向上流动,但在任何给定的时刻只能有一个方向上的数据传输。这意味着通信设备在发送信息时不能接收信息,反之亦然。半双工系统比单工系统提供了更多的交互性,适用于不需要同时双向通信的场景,如对讲机。在使用半双工方式时,通信双方可以轮流发送和接收信息,这种方式提高了通信效率,但仍然需要管理设备何时发送、何时接收，以避免数据碰撞和信号干扰。

（三）全双工方式

全双工通信方式允许数据同时在两个方向上自由流动，通信设备可以在同一时刻既发送又接收信息。这种模式提供了最高级的交互性，适用于需要实时双向通信的应用。在全双工系统中，每个通信终端都能同时处理发送和接收操作，从而实现连续无中断的通信流。这种方式的实现通常依赖于复杂的通信协议和高质量的硬件支持，以确保双向数据流不会相互干扰。全双工模式的优点是效率极高，能够支持最为动态和要求严苛的通信任务，但其缺点是成本较高，系统设计和维护也相对复杂。

二、远距离数据通信系统的基本构成

远距离数据通信系统归纳起来由以下几部分构成。

（一）信源编码器

信源编码器的主要作用是将从信源处获得的模拟信号转换成适合数字传输的形式。这通常通过模拟/数字转换器（A/D转换器）实现，将模拟信号转换为数字信号。这一步是必需的，因为数字信号更易于在现代通信系统中处理和传输，它们不易受到传输过程中噪声和干扰的影响。信源编码器确保了信号可以被信道编码器进一步处理，以增强其传输途中的稳定性和安全性。

（二）信道编码器

信道编码器的功能是增强信号的可靠性，通过添加保护码元［如奇偶校验位、循环冗余校验（CRC）等］来保护数据内容。这一步是为了在信号在传输过程中遭受干扰或数据发生错误时，接收端能够检测出错误并有可能进行纠正。信道编码不仅提高了数据传输的可靠性，还增强了系统对电磁干扰和信号衰减的抵抗能力。

（三）调制器

调制器的作用是将信道编码器输出的基带数字信号转换为适合远距离传输的信号形式，这通常涉及信号的调制过程。调制过程使得信号能够在较长距离上传输，同时减少由于路径损耗、噪声和其他干扰引起的信号衰减和失真。

（四）信道

信道是连接信源和接收端的媒介，可以是有形的如同轴电缆、光纤电缆或无线电波形式如微波、卫星链路等。信道的质量和类型决定了信号传输的效率和质量。在选择合适的信道时，需要考虑信号的传输距离、所需带宽、环境因素及成本等。

（五）解调器

解调器是调制器的逆过程，负责将传输过程中调制后的信号转换回原始的基带信号。在数据通信中，调制过程涉及将基带信号（即原始数据信号）转换为高频信号，以便能够通过电磁波传输。一旦信号到达目的地，解调器便接管工作，将这些调制信号转换回易于处理的低频或基带格式。解调过程是确保接收到的信号能够被后续设备准确解释和处理的关键步骤。解调器必须精确地匹配调制过程中使用的技术，以确保信号的完整性和数据的准确性不被干扰或失真。

（六）信道译码器

信道译码器是信道编码器的逆过程，其主要任务是从接收到的信号中除去在发送端添加的任何保护码元。这些保护码元包括用于错误检测和纠正的额外数据，如奇偶校验位或循环冗余校验（CRC）码。信道译码器通过识别和修正传输过程中可能发生的任何错误，恢复原始的二进制数字序列，确保信息的正确性和完整性。在数字通信系统中，信道译码的效率直接影响到系统的整体性能，特别是在错误率较高的通信环境中，高效的信道译码可以显著提高通信的可靠性。

（七）信源译码器

信源译码器负责将接收到的二进制信号转换回其原始的模拟格式，这一过程通常通过 D/A（数字到模拟）转换器完成。在许多应用中，特别是在处理音频、视频或任何模拟数据的系统中，信源译码是通信过程的最终步骤。D/A 转换器的性能和精度对最终输出信号的质量至关重要，它需要保证转换后的模拟信号忠实地反映了原始数据的所有细节和动态范围。

三、数字信号的调制与调解

数字信号在电路中通常以高低电平的脉冲序列（方波）形式表现，称为"基带数字信号"。这种波形包含多个谐波成分，因此占用较宽的频带。如果将这种基带数字信号直接通过通信线路传输，不仅会过度占用有限的信道频带资源，而且在长距离传输过程中信号波形可能会严重畸变，导致接收端无法正确解读信号，从而引发通信故障。为了解决这一问题，必须先利用调制器将基带数字信号转换成携带相同信息的模拟信号（如高频正弦波信号），使其适合在长途传输线路上进行传输。这种经过调制的模拟信号能够有效减少频带占用并降低信号在传输过程中的失真问题。当信号到达接收端后，解调器负责将这些模拟信号中的数字信息解调出来，恢复成原始的基带数字信号。调制与调解过程如图 5-5 所示。

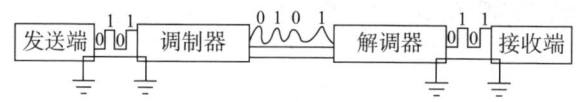

图 5-5　调制与调解示意图

正弦波因其传输效率高而被广泛认为是最适合长距离传输的波形。在正弦交流波中，其主要特征包括振幅、频率和初相位。根据这些特征，调制方法主要分为振幅调制、频率调制和相位调制三种。

（一）振幅调制（AM）

振幅调制（AM）是一种通过改变载波的振幅来表达信息的调制技术，

同时保持载波的频率和相位不变。在 AM 调制中，待传输的信号直接影响载波的振幅，形成的调制信号振幅与原始信号的幅度成正比。这种调制方式简单且易于实现，常用于广播传输中。振幅调制的优点在于技术成熟，设备简单，成本较低。然而，它的主要缺点是对噪声敏感，尤其是在长距离传输中，信号容易受到干扰，导致信息的损失。此外，AM 信号的功率效率较低，因为它的传输功率不仅依赖于信号的信息部分，还包括了恒定的载波部分。

（二）频率调制（FM）

频率调制（FM）是一种通过变化载波的频率来传递信息的技术，而振幅保持恒定。在 FM 调制中，输入信号的幅度决定了载波频率的偏移量，因此信号的信息被编码在频率的变化中。这种调制方式提供了比振幅调制更高的信噪比，尤其是在高噪声环境中。频率调制的主要优点是其对信号路径上的噪声和干扰具有很强的抗性，使得 FM 非常适合于无线广播和电视广播。然而，FM 系统比 AM 系统更复杂，需要使用更精确的调频设备，并且频率调制通常占用比振幅调制更宽的带宽。

（三）相位调制（PM）

相位调制涉及改变载波的相位来表示数据。在这种方式中，载波的相位变化是根据输入信号的幅度来调整的，而其振幅和频率保持不变。相位调制与频率调制类似，因为频率的变化本质上是相位的连续变化。相位调制的主要优势是它可以与频率调制结合使用，形成称为相位频率调制的复合形式，以进一步提高信号的抗干扰能力。然而，与频率调制一样，相位调制同样需要较复杂的技术支持，并且在实际应用中，精确控制相位变化可能比控制振幅或频率更具挑战性。

四、通信信道

（一）电力线载波通信

电力线载波通信利用现有的电力输电线作为传输媒介，通过将远动和数据信号经过调制（调频、调幅或调相）转换为适用于电力线传输的高频信号。这些高频信号通过高频电缆、耦合电容器和结合滤波器传送到电力线上，并在电力线上向目的地传输。到达接收端后，信号通过耦合电容器和结合滤波器进入电力线载波终端设备，在那里高频信号被相应频带的收信滤波器捕捉，并通过解调过程转换回原始的远动和数据信号。

利用电力线载传送远动和数据信号的通道如图 5-6 所示。

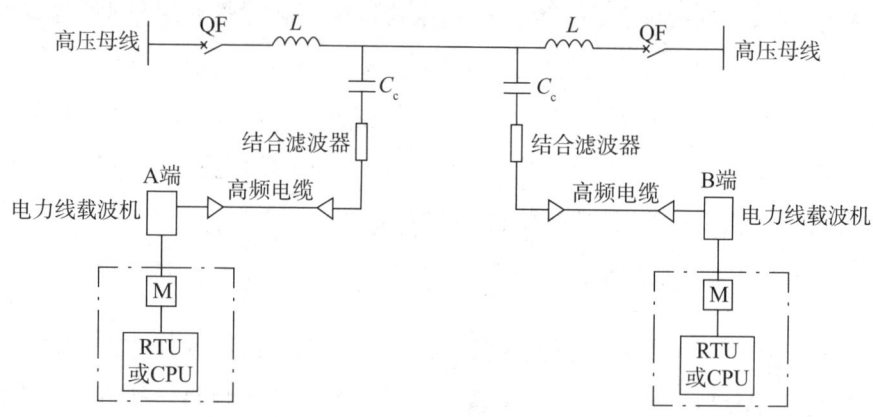

图 5-6 电力线载波传送远动和数据信号通道

注：QF—高压断路器；L—阻波器；M—调制解调器；C_c—耦合电容器。

在电力线载波通信系统中，发送端（A 端）和接收端（B 端）都配备了发送和接收远动与数据信号的功能。系统中的调制解调器（M）首先将数字信号调制为音频信号，然后进一步调制成适合在电力线上传输的高频信号。接收时，这些高频信号首先在电力线载波终端设备被反调制为音频信号，随后被解调器处理回数字格式，以供远动或数据传输设备使用。

电力线载波通信的优点包括高可靠性和成本效益，它利用现有的电力基础设施，减少了通信网络建设的额外费用。它对于电力系统来说是一种基本的通信方式，特别适用于变电站和电网中，用于传输话音的模拟信息及远动、线路保护、数据等模拟或数字信号。然而，电力线载波通信也面临一些技术挑战，例如信号容易受到的电磁干扰和路径上的损耗。为了优化通信效果和确保系统的安全性，需要在系统中使用耦合电容器和结合滤波器。耦合电容器用于控制信号的传输带宽并影响成本，而结合滤波器则帮助减少高频信号的衰减并进行阻抗匹配，确保信号与电力线的良好连接。此外，高频电缆在连接载波终端机与结合滤波器时需要满足低衰减、阻抗匹配和良好的频率响应的技术要求。线路阻波器则被用于阻止高频信号进入电力设备，需要同时具备工频和高频特性。

（二）光纤通信

光纤通信是一种高效、高速的数据传输方式，利用光纤作为媒介传输编码光脉冲来携带信息。光纤，主要由高纯度二氧化硅制成，因其传输速率高、衰减低、抗电磁干扰能力强，已成为现代通信网络中不可或缺的一部分。

1. 光纤结构

光纤的结构基本由两部分组成：纤芯和包层。纤芯是光纤的中心部分，通常由直径较小的高纯度透明玻璃或塑料制成，其作用是传输光信号。包层则是覆盖在纤芯外部的一层材料，其折射率低于纤芯，这样设计是为了通过全反射的方式在纤芯内部保持光信号的传输。纤芯和包层共同构成了一个可以高效传输光的环境。光纤的直径通常在 $5 \sim 100\ \mu m$ 之间，非常细小，这使得光纤在物理尺寸上具有极大的优势。虽然光纤本身具有优越的传输性能，但其物理特性使其易受物理损伤。因此，在实际应用中，单纯的光纤需制成光缆以适应各种环境条件。光缆不仅由一根或多根光纤组成，还包括额外的被覆层、加强芯和外护套等，这些都是为了保护光纤不受外界环境如温度、化学物质、机械力等的影响。光缆的这种设计使得其能在极端或复杂的环境中稳定工作。

2. 光纤通信系统的组成

光纤通信系统主要由光发送机、光缆、光中继机和光接收机等组成。光发送机将传入的电信号转换成光信号，然后通过光缆传输。光信号虽然在光缆中传输时损耗较低，但仍然会随距离增长而衰减。为此，光通信系统沿线会设置光中继机，用于对传输过程中的光信号进行再生和放大。在光中继机中，光信号首先被转换为电信号，进行处理和放大后，再次被转换回光信号，继续沿线传输。这种设计有效地延长了光信号的传输距离，保证了信号的质量和通信的可靠性。

3. 光纤通信的优势

光纤通信的最大优势在于其传输带宽宽、数据传输速率高，可以达到传统铜线的数十倍甚至上百倍，非常适合当前数据传输量大幅增长的需求。此外，光纤通信具有极好的保密性和安全性，光纤不易被窃听，也不会产生电磁干扰，适合用于高安全需求的环境中。再加上光纤的抗腐蚀性、抗辐射性和较长的使用寿命，使得光纤通信成为现代通信技术中的首选方案。

（三）微波中继通信

微波中继通信是一种利用高频无线电波，特别是在 300 MHz 至 300 GHz 频率范围内的无线通信方法。这种频率的无线电波被称为微波，它们基本上沿直线传播，使得微波中继通信成为覆盖长距离的理想选择。微波的直线传播特性要求其传输路径必须是视距（LOS）通信，即传输路径中间不能有任何实体障碍物阻挡。因此，考虑到地球的曲率，40～50 km 就需要设置一个中继站，以此形成一个接力传输系统，确保信号可以连续传递。

微波中继通信网络由多个中继站组成，这些中继站可以是有源站也可以是无源站。有源中继站包含接收和发射设备，能够接收来自一个方向的信号，放大并再次发送到另一个方向。无源中继站则不包含电子放大设备，它通常使用反射板或类似设备来绕过障碍物，如高山，实现信号的"视距"传递。由于微波信号的传输需要直线路径，当路径被高山或其他障碍物阻挡时，无法直接视通，常常采用无源中继方式来解决。在这种配置下，在高山顶部安装反射板，以反射微波信号，使其绕过障碍继续传输。这种方法虽然简单，但有效解决了地形对微波直线传输的限制。

微波中继通信作为一种高效的通信方式，具有以下优点：

（1）宽频带容量。微波频段提供的频带宽度非常广泛，可以支持大量无线电频道的同时传输，而且这些频道互不干扰。这使得微波中继通信能够高效地处理和传输大量的数据，适应多种通信需求。

（2）高通信效率。由于频带宽，微波收发信机的通频带也可以做得非常宽，支持多路通信。这意味着使用同一套设备，可以同时进行多个通信操作，极大提高了通信效率。

（3）抗干扰能力强。微波信号不易受工业干扰，如电磁干扰等，这主要得益于其高频特性和较强的方向性。因此，微波中继通信在保持通信稳定性方面具有显著优势。

（4）保密性好。微波的强方向性意味着信号的传播路径非常集中，不易被外部设备截获，从而提供了更好的通信安全和保密性。

（5）成本效率。相比有线通信系统，微波中继通信的每公里话路成本相对较低。这使得微波通信在建立大范围覆盖网络时具有成本优势，特别是在地形复杂或者难以铺设有线的地区。

（6）灵活性强。微波中继站的设置相对灵活，可以根据通信需求和地理条件调整站点的位置和数量，便于网络的扩展和优化。

（四）架空明线或电缆传输远动信息

架空明线或电缆是在信息传输中常见的传输介质，通常使用铜线、铁线或铅线来进行信息的携带和传递。这些介质的一个重要特点是能够将信息能量限制在传输路径的周围有限空间内，使能量不易扩散，从而提高通信的保密性。这种方式的通信也被称为有线通信，是电力系统中非常关键的一种通信手段。有线通信尤其适合用于区域性通信或连接短距离通信枢纽站。为了增加信息传输的容量，通常会采用多种调制技术。例如，可以将音频信号和直流脉冲信号调制到不同的频带或转换为脉冲编码调制

（PCM）信号。通过这种方式，调制后的多频信号可以在同一对通信线路上同时传输，实现线路的多功能使用，提高通信效率。随着技术的进步和通信需求的增加，电力系统的通信网络越来越多地采用架空或地下电缆线路，这些线路能够提供更为稳定和可靠的通信连接，满足现代电力系统对高效、安全通信的需求。

五、通信归约

（一）通信归约的规范

在电力系统的远动操作中，主站与远方终端之间的实时数据通信需要基于事先确定的共同标准进行，这就要求制定一套必须遵循的通信规约。良好的通信规约能够详细规范通信过程中的各个方面，具有以下特点：

第一，要有共同的语言。通信双方必须使用一种共同的语言，这是通信成功的基础。在通信规约中，这通常指的是数据格式和编码方式，以及如何组织和解释传输的数据。在电力系统的自动化中，不同的设备和系统可能来自不同的制造商，但它们必须能够彼此理解和处理数据。因此，通信规约定义了统一的数据结构、命令集和响应格式，确保所有设备都能按照相同的标准进行交互。

第二，统一的操作步骤。通信规约还必须规定统一的操作步骤，即控制步骤。这包括消息的发送和接收顺序、需要遵循的通信流程及各种操作的时序。操作步骤的统一性不仅保证了数据交换的逻辑性和高效性，还减少了因操作不同步而引起的错误和冲突。例如，规约会详细定义如何初始化通信、如何请求数据、如何响应请求及如何正常关闭连接。在这个过程中，每一步都有明确的指示，所有的参与设备都必须严格按照预定的步骤执行，从而确保整个系统的协调和数据的准确性。

第三，错误检测与异常处理。任何通信系统都可能受到各种内部和外部因素的影响，导致数据传输错误。因此，通信规约必须包括用于检测和纠正错误的机制。这可以通过各种技术实现，如循环冗余校验（CRC）和前向错误更正（FEC）等。此外，规约还应当规定在发生通信异常或设备故障时的应对策略，以防止整个系统因单点故障而瘫痪。这包括超时重传、错误日志记录、异常报警和系统重启等策略，旨在恢复系统功能或至少保持系统运行直到问题被解决。

（二）循环式通信规约

循环式通信规约是电力系统自动化领域中用于数据传输的一种标准协议，被广泛应用于电力监控和远程控制系统中，特别是在实时数据交换和系统状态监测方面。

在循环式通信规约中，每个远程终端单元（RTU）通过与调度中心的点对点独占信道进行通信，调度中心通过放射式线路与所有RTU相连。通信过程中，发送端与接收端需要保持严格的同步，确保数据按照预定的顺序连续发送。这种协议对数据流的帧结构和信息字进行了标准化规定，以维护通信的一致性和可靠性。

为了增强系统的可靠性，规约还要求设置主备两条信道，这虽然增加了信道建设的成本，但能显著提高系统的稳定性。在此规约下，各RTU不断地循环采集和编码关键遥测信息（如功率P、无功功率Q、电压U、电流I等）和遥信信息（如断路器的状态），并持续发送给调度中心。如果调度中心检测到数据错误，会丢弃错误的数据包，等待下一循环重新接收正确的数据。

通信规约还允许根据信息的实时性需求进行优先级分级。例如，在紧急情况下，如断路器在继电保护作用下自动跳闸的信息，这类高优先级的遥信变位信息会被优先处理并尽快上报给调度中心。此外，不同重要性的遥测数据有不同的扫描周期：重要遥测数据每2 s扫描一次，次要遥测数据每5 s一次，而一般遥测数据则每20 s扫描一次。

从调度中心到RTU的遥控、遥调或其他命令通过下行通道实时传输，这些命令不参与循环传输，确保指令的即时性。全双工通道的使用允许上行和下行通信同时进行，进一步优化了数据交换的效率和响应速度。

(三）问答式通信规约

问答式通信归约是在电力系统及其他多点监控和控制系统中广泛采用的一种通信协议。这种协议的核心机制基于主站（通常是中心控制系统）对远程终端单元（RTU）的轮询操作，即主站依次向每个RTU发送数据请求，而RTU在接收到请求后才响应并发送数据。

在问答式通信归约中，所有的数据传输活动都是由主站主动发起的，它决定了何时及向哪些RTU发送查询信号。每个RTU在没有接收到来自主站的明确查询之前，不会发送任何数据。这种被动响应的特性有助于降低网络的自发性噪声，提高了数据通信的准确性。

问答式通信规约的实现需要在主站和所有RTU之间建立严格的同步机制。主站需要跟踪每个RTU的状态，以便知道何时发送查询信号，并能处理来自各RTU的响应。这种同步通常通过时间戳和定时轮询来维持，确保系统的整体同步运行。

主站在发送查询请求时，可以根据数据的重要性和实时需求设定优先级。例如，对于一些关键的监控数据，如电压或电流的实时读数，主站可能会更频繁地查询这些信息，而对于一些不太关键的信息，如设备的维护状态或温度读数，查询频率可能会较低。这种灵活的查询策略有助于优化网络性能，确保关键数据可以快速且准确地被传输。

为了提高通信的可靠性，问答式通信规约通常包括错误检测和纠正机制。这些机制可以帮助主站识别和纠正在数据传输过程中可能发生的错误。例如，如果RTU发送的数据包在到达主站时被检测到错误，主站可以请求RTU重新发送数据，或者启动其他的错误恢复程序。此外，如果RTU未能在预定时间内响应主站的查询，主站将执行适当的故障恢复程序，如重新初始化通信或切换到备份系统。

问答式通信规约有以下特点：①有问必答。在问答式通信规约中，远程终端单元（RTU）的应答行为完全由主站的查询指令触发。当RTU收到主站的查询命令后，它必须在规定的时间内做出响应，否则该通信尝试将被视为失败。这种机制确保了数据的传输是按需进行，减少了无谓的数据流和潜在的网络拥塞。②无问不答。RTU 在未收到主站查询命令的情况下不会主动发送任何数据。这意味着所有的数据传输都是目的明确和控制严格的，从而增强了网络的安全性和数据传输的目的性。

问答式通信规约具有以下优点：①问答式通信规约允许多台 RTU 共用同一个通信通道，这种共线方式不仅节约了通道资源，还提高了通道的使用效率。这一点对有大量 RTU 需要通信的区域工作站尤其重要，因为它可以显著减少所需的物理通信基础设施，从而降低系统成本和复杂性。②采用变化信息传输策略意味着只有当数据发生变化时才进行传输，这不仅减少了需要传输的数据量，也缩短了数据块的长度。结果是数据传输速度得到了提升，通信效率也得到了增强。③问答式通信规约的灵活性表现在其支持全双工和半双工通道，可以适用于点对点、一点多址或环形结构的通信模式。这种多样的通信方式选择使得问答式通信规约能够适应各种不同的网络结构和通信需求，提供了极大的灵活性和扩展性。

第四节　调度中心的计算机系统

现代电力系统通常覆盖多个省份和城市，包括数百甚至数千个发电站和用电点。为了实现自动化监控和控制，需要处理大量数据，进行复杂的电力系统运行状态分析和逻辑判断。然后，这些分析结果会提供给操作人员，以便做出最终的决策，并对控制操作做出响应。因此，电力系统调度自动化系统中，应配备大容量、高速度的计算机的信息处理系统。

一、调度自动化计算机系统的设计原则

（一）可靠性原则

首先，从硬件角度考虑，调度自动化计算机系统的设计必须确保各个组件、单机及整个系统层面的高可靠性。这意味着在设计和选择硬件设备

时，不仅要考虑设备本身的故障率，还要考虑整个系统的冗余配置。例如，关键设备如计算机主机应采用高质量的硬件，并设置充足的备用机制，以便在主机发生故障时，备用系统能迅速接管，保证系统的连续运行。其次，软件的可靠性同样重要。这包括使用经过严格测试和验证的软件，以及开发具有高容错性的程序。软件设计应采取措施减少依赖单一故障点，通过多层验证和错误检测机制来提高系统的韧性和错误恢复能力。最后，也要考虑外围设备的可靠性。外围设备的可靠性通常低于主机，因此设计时还需要考虑这些设备的备用方案。这包括为关键外围设备如通信接口、数据存储设备等配置备份，确保这些设备的故障不会影响整个系统的运行。

在调度自动化计算机系统中，每个设备的可靠性通常通过平均故障间隔时间（MTBF）来衡量，这一指标表示设备在两次随机故障之间的平均运行时间。整个计算机系统的可靠性则经常以"系统可用率"来表示：

$$系统可用率 = \frac{运行时间}{运行时间+停用时间} \times 100\% \quad (5-1)$$

式中停用时间包括故障时间和维修时间。

系统可用率受多种因素影响，包括设备硬件和软件模块的质量、维护情况、环境条件、电源供应及备用配置的充足程度等。为了保证较高的系统可用率，即使在单一设备部件出现故障时，也应确保关键系统功能的持续，而在发生严重的双重故障时，也应尽量减少对全部系统功能的影响。采用模块化结构设计可以使系统的各个部分相对独立，从而降低故障的总体影响。

（二）可用性原则

在设计调度自动化计算机系统时，可用性原则是指功能必须符合具体电力系统的操作特性和需求，并适应实时控制的环境。例如，为了提高系统的可用性，可以实现系统界面的全汉化，这样做不仅使得操作界面和打印记录更易于阅读和保存，还简化了操作步骤，使得人机交互更加直观和便捷。这种设计能显著提升操作人员对自动化系统的使用积极性，并降低因操作错误引发的风险。此外，系统的设计应灵活适应不同的操作需求和环境变化，如调整控制策略以应对突发事件或变化的负荷条件。系统的可用性不仅体现在其性能和效率上，也体现在其能够支持操作人员有效、安全管理电力系统的能力上。因此，提高系统的可用性是通过技术和设计创新，确保电力系统稳定运行的关键。

（三）可维护性原则

调度自动化计算机系统的可维护性关乎系统的长期稳定。设计时应确保系统具有一定程度的设备冗余度和功能转移能力，使得在某设备进行维修或功能升级时，系统能继续运行而不受影响。此外，系统逻辑设计应考虑到既能离线检修也能在线检修的可能性，在线检修时需要特别注意隔离任何可能对主操作系统产生干扰的因素。系统设计还应采用模块化的硬件和软件，以便于故障发生时能迅速更换有问题的模块，快速恢复系统运行。模块化设计不仅简化了维修过程，也降低了维护成本和时间，确保系统能够快速恢复到正常工作状态，减少停机时间。因此，高可维护性是确保系统连续性和减少经济损失的关键设计原则。

（四）高速性原则

在实时控制环境中，调度自动化系统的反应速度至关重要。系统必须能够快速响应操作需求，从接收指令到完成任务的时间应尽可能短。系统的高速性直接影响到电力系统的稳定性和安全性，尤其在紧急情况下，快速的系统响应能够有效减少事故和故障的影响。

反应时间的长短受多种因素影响，包括计算机及其附件设备的性能、操作系统的优化程度、数据库和数据访问速度及应用软件的架构和效率。在进行设计调度自动化计算机系统时，必须优化这些因素，以确保系统在高负载或紧急情况下仍能保持高效运行。

二、调度计算机系统的基本组成

（一）硬件系统

1. 中央处理器（CPU）

中央处理器是调度计算机硬件系统的大脑，负责解析和执行程序指令，处理数据及控制其他硬件组件的操作。CPU 的主要技术性能指标包括字长、运算速度、指令种类、寄存器结构、寻址方式及中断能力。

字长是指处理器一次能处理数据的位数，直接影响其运算能力和效率。运算速度决定了处理器完成操作的快慢，通常用每秒执行的指令数（IPS）或每秒浮点运算次数（FLOPS）来衡量。指令种类表明 CPU 能解释和执行的操作类型。寄存器结构涉及 CPU 内部用于临时存储指令、数据和地址的存储单元的配置。寻址方式定义了 CPU 访问内存中数据的方法。中断能力允许 CPU 响应外部或内部事件的优先级，确保关键任务能够及时处理。

2. 主存储器

主存储器或主内存是 CPU 直接读写的存储区域，用于存储正在执行的程序和当前处理的数据。它是计算机运行时数据处理的临时存放地点。主存的速度极大影响系统的整体性能，因为 CPU 需要频繁地从主存读取指令和数据。

3. 大容量外部存储器

随着电力系统的扩展和数据处理需求的增加，主存储器的容量往往无法满足长期数据存储的需求。这时，大容量外部存储器就显得尤为重要，它主要包括磁盘和磁带等存储介质。磁盘存储器提供了较快的数据访问速度和较大的存储容量，适用于频繁访问的数据存储；而磁带则常用于备份和存储大量不常用的数据。

4. 输入和输出设备

输入设备使用户能够向计算机系统输入数据或控制指令，常见的输入设备包括键盘、鼠标、扫描仪等。在调度计算机系统中，控制台和专用输

第五章　电力系统调度自动化

入设备如卡片输入机也很常见,它们用于输入操作指令或实时数据。输出设备则用于展示处理结果或状态信息,常见的输出设备包括显示器、打印机和绘图仪等。在电力调度中,制表打印机和行式打印机用于打印报表和事件记录,而 X-Y 绘图仪和硬拷贝机则用于输出图形和图像数据。

(二) 软件系统

1. 系统软件

系统软件的主要职责是管理和优化计算机资源的使用,以及为用户提供程序开发的工具和服务。

系统软件主要包括操作系统(OS),这是一种复杂的程序,负责管理计算机的硬件资源,如 CPU、内存和存储设备,以及调度任务和处理软件应用之间的交互。操作系统的效率直接影响到电力调度系统的响应速度和处理能力,除了操作系统,系统软件还包括各种编程语言的编译器,如 FORTRAN、C 语言和 PASCAL。这些编译器使得程序员能够编写具体的应用程序来满足特定的操作需求,如负载管理、故障诊断和市场交易等。编译器的质量和效率直接决定了编写的程序能否有效地转化为机器语言,进而有效地执行。此外,系统软件还提供各种调试工具和服务性程序,如子程序库和系统生成程序。这些工具和程序支持程序员开发、测试和优化应用程序,确保它们在实际运行中的稳定性和性能。例如,子程序库提供了一系列预编写的代码,帮助开发者节省时间,提高开发效率和程序质量。

系统软件在电力系统调度计算机中发挥着至关重要的作用。它不仅确保了硬件资源的有效管理和应用程序的顺利执行,还提供了必要的开发工具,支持电力系统的连续、安全和高效运行。

2. 支撑软件

支撑软件是操作系统和应用软件之间的桥梁,为应用程序提供必要的运行框架和数据结构支持。通过支撑软件,系统的整体功能得以优化,使得电力系统的工程师能更加高效地开发和管理调度自动化应用程序。支撑软件包括以下几种:

（1）任务调度程序。任务调度程序负责控制和管理应用程序的执行。在实时应用环境中，如电力调度控制，任务调度程序确保应用程序能够按照优先级和所需的时序准确无误地运行。

（2）画面管理程序。画面管理程序处理所有与界面相关的操作，包括显示请求的管理、画面更新速度的控制及显示信息的格式化。这不仅提高了界面的用户友好性和可读性，而且确保了信息的准确传递，是电力系统运行人员监控和控制系统状态的关键工具。

（3）数据库管理程序。数据库管理程序则负责数据的存储、检索和交换。在电力系统中，实时数据库的管理尤为关键，因为它直接影响到调度决策的速度和准确性。高效的数据库管理系统可以快速处理大量数据，支持高速数据交换和处理，确保电力系统调度的高效性。数据库的设计独立于应用程序，使得数据库或应用程序的更新和修改不会相互影响，增强了系统的灵活性和可维护性。

3. 应用软件

在调度计算机系统中，应用软件直接负责实现具体的电网分析和控制功能。应用软件根据数据输入的性质和结果的用途，可分为动态程序、准动态程序和静态程序三大类。

（1）动态程序。动态程序是为实时控制而设计的应用程序，它们需要快速响应系统的变化。例如，自动发电控制（AGC）和经济负荷调度控制（EDC）等，这些程序在实时调整发电量和负荷分配中起到关键作用，以维持电网的稳定和经济运行。

（2）准动态程序。准动态程序处理的输入数据虽然是实时的，但其分析结果不直接用于控制，而是提供静态信息供决策支持。这类程序包括系统运行状态估计、调度员潮流和最优潮流分析等，它们帮助运行人员理解电网当前的运行状况和潜在问题，但不直接影响控制系统的实时决策。

（3）静态程序。静态程序处理的数据通常是预测性的或经过预处理的，旨在提供关于系统未来运行状态的信息。这些程序如负荷预测、发电计划和检修计划等，对于长期策略规划和资源分配极为重要。

三、调度计算机系统的硬件配置

(一) 单机系统

在小型的电力调度中心,可以只用一台小型机或高档微机并配置简单的信息收集和监控设备。单机系统的设计主要有以下两种方法:

第一种设计是主机直接连接控制系统的各种设备,负责数据的采集和处理任务。这种直接连接的设计使得主机直接参与到数据交换的每一个环节中,如接收传感器数据、处理控制命令等。然而,这种配置的主要问题在于主机在处理来自外围设备的数据请求时,如存取或调用数据,必须中断其他处理任务来响应外设的请求。这种频繁的中断会增加主机的负担,从而影响到系统的整体响应速度和效率。为了解决第一种设计中主机过载的问题,第二种设计采用了专用的处理设备来减轻主机负担。在这种配置中,通常会使用一台前置机作为与通信系统的接口,负责数据采集、部分数据处理及处理人机交互等任务。通过使用直接内存访问(DMA)技术,前置机可以将数据高速地传输至主机的内存中,从而减少主机需要处理的中断次数。此外,处理人机交互的计算机专注于存储和更新显示内容,这样的设计使得显示内容的更新更加迅速,减少了更新所需的时间。在某些配置中,人机交互部分可能由专门的计算机或微机来处理,确保用户界面的快速响应和数据的即时更新。

(二) 双 (多) 重化系统

在现代电力系统调度中,为确保系统运行的高度可靠性和稳定性,常采用双重化或多重化系统,即使用两台或多台功能相同或兼容的计算机及其外围设备,以增强整个系统的容错能力和持续运行能力。

在双重化系统中,两套系统设备通常是完全相同的,这种配置确保了在任何一个系统发生故障时,另一个系统可以无缝地接管所有的运行任务,从而极大地减少了因系统故障导致的中断风险。

操作模式方面,双重化系统常见的有两种方式:主机—备用机模式和并行模式。

在主机—备用机模式中,一台计算机在正常情况下作为主机运行,而另一台则作为备用机在离线状态下保持同步更新,随时准备接管主机的任务。这种模式下,备用机不仅可以作为故障响应机制,还能用于软件开发、系统维护或运行人员培训等多种用途,提高系统资源的利用率。例如,备用机可以用来模拟各种系统故障,帮助运行人员通过显示器进行仿真操作,提高他们对系统的熟悉度和应对突发情况的能力。一旦主机出现故障,通过监视定时器等监测机制,备用机能够在极短时间内(30～60 s)自动切换到运行状态,接管所有主机的功能,确保系统的连续运行和数据的完整性。

在并行模式下,两台计算机同时执行相同的任务,实时地互相核对处理结果。这种模式的主要优点是系统的高度可靠性,因为任何一台机器的故障都不会影响系统的整体运行,从而确保电力调度的连续性和数据的准确性。由于两台机器可以独立而又同时工作,它们可以实时监控彼此的操作,有效地提高了错误检测和系统冗余的能力。这种即时的双向检查机制消除了主机向备用机转换的延迟时间,以及数据传输过程中可能发生的误差,进一步增强了系统的稳定性和可靠性。

典型的调度计算机双机系统如图5-7所示。

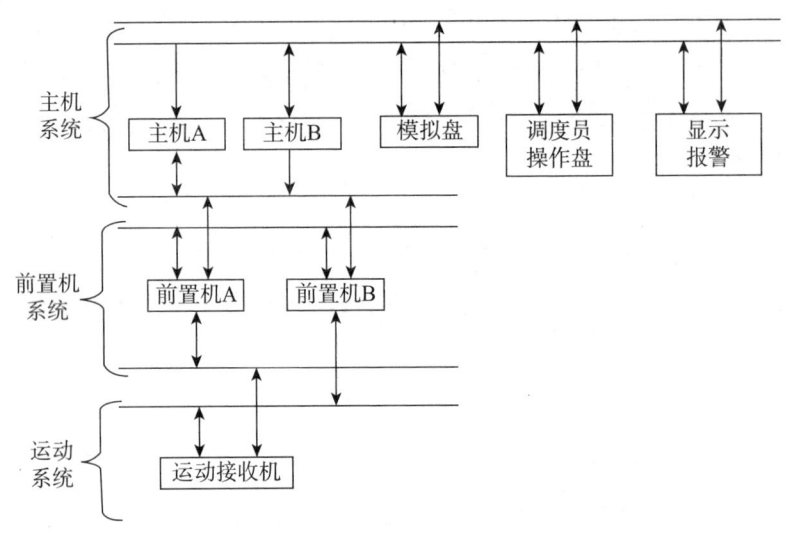

图5-7 典型的调度计算机双机系统

(三)分布式系统

20世纪80年代到90年代初期,电力系统调度自动化系统主要依赖于基于 CISC(Complex Instruction Set Computer)技术的集中式系统设计。这类系统虽然在当时能够满足基本的运行需求,但随着技术的发展和系统需求的增加,集中式系统展现出明显的局限性,尤其是在系统升级和功能扩展方面。具体来说,当系统需要增加或改进某些功能时,往往需要对整个系统进行大规模的更新,这不仅成本高昂,而且会影响到系统的稳定运行。

为了解决这些问题,电力系统调度开始转向分布式系统的架构。分布式系统的核心思想是将系统功能分散到多台计算机中,这些计算机通过局域网连接并高速交换数据。在分布式系统中,人机交互的处理机通常采用工作站形式接入局域网,这样不仅提升了处理速度,也增强了用户界面的响应能力。此外,备用机也连接在同一局域网上,能够在主机出现故障时迅速接管任务,从而增强了系统的可靠性。分布式系统的另一个优点是扩展性强。当需要增强系统功能时,只需添加新的处理机或对现有机器进行升级,而无须对整个系统进行大规模改造。这不仅降低了升级成本,也大大缩短了升级所需的时间,使系统能够快速适应技术进步和运营需求的变化。

第六章　变电站和配电网自动化

第一节　变电站自动化系统的结构形式

随着集成电路技术、微机技术、通信技术及网络通信技术的进步，变电站自动化技术的体系结构也在持续演变，其性能、功能和可靠性都有了显著提升。变电站自动化系统的结构形式主要可以分为四种：集中式、分布集中式、分散与集中相结合式及全分散式。

一、集中式变电站自动化系统

集中式变电站自动化系统通过使用不同档次的计算机来实现其自动化功能，系统内部的微机通过扩展外围接口电路来收集变电站的模拟量、开关量和数字量等信息，这些信息随后被集中处理以实现各项功能，如微机监控、微机保护及某些自动控制操作。尽管称之为集中式，该系统并不依赖单一计算机来完成所有功能。在实际操作中，变电站的不同功能如微机保护、微机监控及与调度通信等，通常由不同的微型计算机承担。每台计算机根据其配置的特性和系统需求，承担着不同的任务。负责监控的计算机需要处理数据采集、数据处理、开关操作和人机交互等多重任务。而负责微机保护的计算机专注于处理一些特定的低压线路保护任务，这种分工使得系统能够更有效地处理复杂的操作和数据流。

在集中式结构中，根据变电站的规模，会配置相应容量的集中式保护装置和监控主机及数据采集系统，有时也会采用集中式的微机型远程终端单元（RTU）。这些设备通常安装在中央控制室内，这样可以方便地进行集中管理和监控。主变压器和各进出线及站内所有电气设备的运行状态信息通过电流互感器（TA）和电压互感器（TV）经电缆传输至中央控制室的保护装置和监控主机或远动装置。当涉及继电保护的动作时，信息通常是通过保护装置的信号继电器的辅助触点获取，再通过电缆送至监控主机或远动装置。这种信息传输方式确保了系统的可靠性和反应速度，在发生电网故障或异常情况时能够迅速做出反应。集中式结构的变电站自动化系统如图6-1所示。

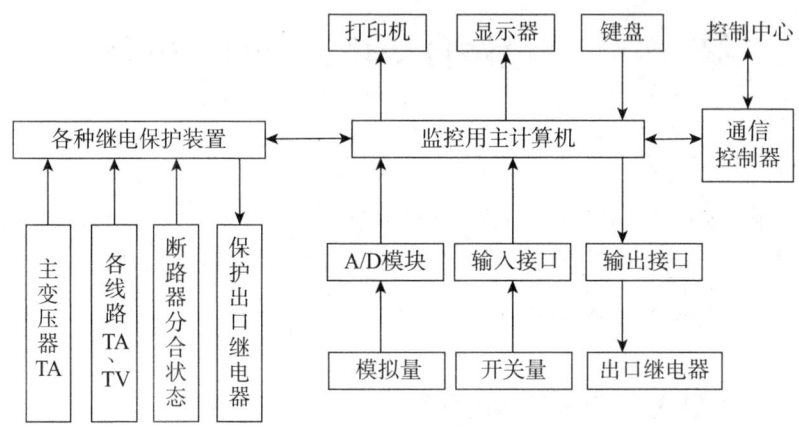

图6-1 集中式结构的变电站自动化系统

集中式变电站自动化系统虽具有高度集成的控制和监测能力，但存在以下缺点：

（1）由于每台计算机在系统中承担了重要和集中的功能，一旦某台计算机发生故障，其影响面极大，可能导致整个系统的功能受损。为了提高系统的可靠性，通常需要采用双机并联运行的结构，这不仅增加了成本，还复杂化了系统的管理和维护。

（2）集中式结构的软件通常较为复杂，这使得对系统进行修改或升级时的工作量较大。软件的复杂性还意味着系统调试过程可能会非常烦琐和更多的时间消耗，特别是当需要排查问题或进行系统优化时，这些因素都可能影响系统的整体表现和效率。

（3）集中式系统的组态不够灵活，对于不同主接线或规模不同的变电站，其软件和硬件往往需要针对性的设计，这不仅增加了单个项目的工作量，还影响了系统的批量生产和推广。每次部署时的高定制化需求限制了集中式系统的普及和快速实施。

二、分布集中式变电站自动化系统

随着单片机技术和通信技术的快速发展，单片机的性能价格比得到提高，促进了新一代变电站自动化系统的发展。新一代变电站自动化系统通常将微机保护单元和数据采集单元分别按一次回路对象设计，分别配置，形成了所谓的分布集中式变电站自动化系统。

分布集中式变电站自动化系统采用了一种结构化的方法，将整体自动化系统根据其不同功能分割成多个独立的屏或柜单元。这种方法使得系统的组成更加模块化，提高了系统的可维护性和可扩展性。每个屏或柜，如主变压器保护屏、线路保护屏、数据采集屏和出口屏，都集中安装在主控室内，便于集中管理和监控。在分布集中式变电站自动化系统中，保护用的微机大多采用16位或32位单片机，每个保护单元通常是按保护对象划分的，例如一条回线或一组电容器由一台单片机进行保护。这些保护单元和数据采集单元被安装在各自的保护屏和数据采集屏上。监控主机对这些屏或柜进行集中管理，确保系统的整体协调运作。此外，通过调制解调器，系统还能与调度中心进行通信，实现数据的远程传输和控制。

分布集中式变电站自动化系统的主要特点是将控制和保护功能合理集成，形成一个整体，从而大大简化了二次回路的设计。尽管如此，使用的电缆数量仍然较多，这是由于每个单元之间需要进行物理连接所致。该系统的设计允许它被应用于有人值班或无人值班的变电站环境中，特别适用于$35 \sim 110$ kV的中低压变电站。此外，它也非常适合用于老变电站的改造工程。

三、分散与集中相结合式变电站自动化系统

在分散与集中相结合的变电站自动化系统中,关键设备和操作如保护、监控和控制功能在局部是分散处理的,但在更高层面上则通过集中的管理系统进行协调。系统的分散部分通常将智能设备和微处理器直接安装在各关键节点,如变压器、断路器和其他一次设备旁边。这些智能设备能够实时收集数据、执行局部控制命令并进行初步的数据处理。这种方式大大减少了传感器和控制信号的传输距离,从而提高了数据传输的速度和可靠性。此外,它还降低了系统总体的复杂性和潜在的维护成本。系统的集中部分负责协调各个分散单元的操作,进行复杂的数据分析和处理,以及实现高层次的系统优化和决策支持。集中控制中心通常装备有强大的计算资源和高级软件应用,使其能够处理来自全站的综合信息,提供对整个变电站的全面监控。

分散与集中相结合的结构具有以下特点:

(1)对于 10 ~ 35 kV 的馈线保护,该系统采用了分散式结构,并将保护设备就地安装。这种配置的主要优势在于它大幅减少了控制电缆的需求,从而降低了成本并减少了安装复杂性。就地安装的保护设备直接位于馈线附近,能够快速响应局部故障,提高了系统的响应速度和可靠性。这些设备通过现场总线系统与保护管理机进行信息交换,这种通信方式不仅保证了数据传输的高效性,也支持了高度的网络集成,使得系统管理更为集中,同时保留了操作的分散性。

(2)对于高压线路保护和变压器保护,采用的是集中式结构,保护屏安装在控制室或保护室内。这种布局有利于将关键的保护设备置于较优的工作环境中,从而增强设备的可靠性和安全性。通过现场总线系统,保护屏能够与保护管理机有效通信,确保所有关键保护功能能够实时监控和控制。集中式的配置也便于进行系统维护和升级,同时提高了故障诊断的效率,因为所有相关设备都集中在一处。

(3)备用电源自投控制装置和电压、无功综合控制装置也采用集中式

结构，并同样安装于控制室或保护室内。这样的配置使得这些自动装置能够在一个受控、易于监视的环境中运行，增加了操作的稳定性和安全性。集中的控制系统允许操作人员从单一的位置监控和管理整个变电站的电源和电压状况，优化了能源管理和分配，提高了系统的经济运行效率。

（4）整个系统通过网络进行连接，支持了各个层级和单元之间的高效数据流和控制命令传递。网络化的结构增加了系统的灵活性和可扩展性，使得新技术和系统升级可以更容易地集成到现有架构中。

四、全分散式变电站综合自动化系统

全分散式变电站综合自动化系统按回路进行设计，在每一个开关柜或其他一次设备上就地安装微机保护单元和单回路的数据采集/监控单元，实现了系统功能的最大分散化。

在全分散式系统中，由于微机保护单元和数据采集/监控单元与其所保护和监控的设备在同一位置，因此可以大幅减少电缆的使用。这不仅降低了材料和安装成本，也简化了系统的维护。更少的电缆连接还意味着降低了系统受到外界电磁干扰的可能性，从而提高了数据传输的稳定性和准确性。此外，这些单元之间主要通过网络电缆或光缆连接，仅用于数据信息的传输，进一步减少了传统控制系统中复杂的接线需求。这种连接方式不仅保障了信息传输的高速性和安全性，也利于未来技术的升级和扩展。全分散式系统不再需要传统的继电保护和远动装置屏。这种配置不仅节约了设备投资，还显著减小了系统占用的空间，使得自动化系统更加经济高效，适应了现代变电站对空间优化和成本控制的需求。

第二节 变电站自动化的通信技术

一、变电站自动化系统通信的要求

(一) 对变电站通信网络的要求

由于数据通信在变电站自动化系统内的重要性,经济、可靠的数据通信成为系统的技术核心,而由于变电站的特殊环境和自动化系统的要求,变电站自动化系统内的数据网络应满足下列要求:

第一,变电站自动化系统的通信网络需要具备快速的实时响应能力。这是因为变电站中的许多操作,如故障检测和隔离、系统保护动作,都依赖于能在几毫秒至几秒内迅速做出反应的系统。数据通信网络必须能够在极短的时间内处理和传递大量数据,以保证电力系统的稳定性和安全性。延迟或数据传输错误可能会导致错误的判断或响应,从而影响整个电网的运行效率和安全。

第二,变电站自动化系统的通信网络必须具有极高的可靠性。在电力系统中,任何通信的中断或失败都可能导致严重的后果,包括电力供应中断和设备损坏。因此,通信网络需要设计成具备冗余和自愈能力,确保在任何设备或链接出现故障时,系统仍能继续稳定运行。这可能涉及采用双重或多重通信路径,以及自动故障检测和切换机制。

第三,变电站自动化系统的通信网络要具有优良的电磁兼容性能。变电站是一个充满高电压设备和强电磁干扰的环境。通信设备和网络必须能够抵抗这些干扰,防止误操作或数据损失。这通常需要采用屏蔽电缆、光纤通信技术和高质量的电磁兼容设计,以确保信号的完整性和精确性不受干扰。

第四,变电站自动化系统的通信网络应设计为分层式结构。分层式结构有助于系统的扩展和管理,允许各个层级的设备和系统根据其功能独立运作,同时也便于集成和协调操作。通过明确划分管理层、操作层和设备层等,可以在不同层级实施相应的安全和通信协议,优化数据流动和处理过程,从而提高系统的整体效率和可靠性。

(二)信息传输响应速度的要求

在变电站自动化系统中,信息传输的响应速度根据信息类型和特性的不同有很大差异。

1. 经常传输的信息

(1)用于监控变电站运行状态的监视信息,如母线电压、电流、有功功率、无功功率、功率因数、零序电压和频率等测量值,这些信息需要频繁传输,以确保实时监控系统的运行状况。这类信息的响应时间通常不应超过 $1\sim 2s$,以保证数据的实时性和系统的快速反应。

(2)对于计量用的信息,比如有功电能和无功电能,这些数据的传输频率可以相对较低,因为它们主要用于计量而不直接影响系统的即时操作。因此,这类信息的传输时间间隔可以更长,优先级也可以相对较低。

(3)为了更新变电站层的数据库,需要定期采集诸如断路器状态、继电保护装置及自动装置的投入与退出状态等信息。这些信息通常通过定时召唤的方式进行传输,以便定期刷新数据库,确保所有记录都是最新的。

2. 突发事件产生的信息

(1)当系统发生事故时,如事故时断路器的位置信号,这类信号要求传输延时最短,并具有最高的传输优先级。

(2)正常操作时发生的状态变化信息,如断路器状态的变化,也要求即时传输。

(3)对于故障情况下,继电保护动作的状态信息和事件顺序记录,这些信息虽然对事故的即时处理不是必需的,但对事后分析事故原因和改进系统设计至关重要。这类信息可以在事故处理完毕后传送,不需要占用事故处理的关键时间。

（4）故障发生时的故障录波和带时标的扰动记录数据通常体量较大，其传输会占用较长时间，因此这些数据不必立即传送。

（5）控制命令、升降命令、继电保护和自动设备的投入与退出命令，以及修改定值命令等，其传输时间不固定，通常这些信息传输的时间间隔可以比较长。

（三）各层次之间和每层内部传输信息时间的要求

在变电站自动化系统中，一般分为设备层、间隔层和变电站层，不同层级中，信息传输的时间也不同。

下面先简单介绍一下变电站自动化系统各层级的含义：设备层包括变电站中的基本操作设备，如断路器、变压器、电容器等一次设备。设备层的主要职责是收集和监控电气参数及设备状态，它是系统中与物理设备直接相连的最底层。间隔层位于设备层之上，主要负责对特定功能区域或电气间隔内的设备进行控制和保护。间隔层包括了保护继电器、控制模块等，这些模块处理从设备层传来的信号，执行必要的保护和控制逻辑，并将操作指令下达设备层。变电站层是自动化系统中的最高层，通常包括监控主机、数据采集系统和通信接口等。变电站层负责整合来自间隔层的数据，进行更为复杂的数据处理和决策支持，同时也是连接到外部系统如控制中心的关键节点。

设备层和间隔层之间的传输时间要求在 1～100 ms 之间。这确保了从设备层收集的数据可以迅速传递到间隔层进行处理，支持实时监控和快速反应，特别是在故障检测和即时控制方面。

间隔内各个模块间的传输时间也同样要求为 1～100 ms。间隔层内部的设备需要紧密协作，以执行复杂的控制策略和保护逻辑，因此快速的数据交换速度是必需的。

间隔层的各个间隔单元之间的传输时间同样要求在 1～100 ms 范围内，以确保各保护和控制单元之间的协调一致，对于维护系统稳定性和安全性至关重要。

间隔层与变电站层之间的传输时间要求在 10～1000 ms 之间。间隔层的信息在传达到变电站层之前要进行必要的处理和汇总,以确保变电站层接收到的是已处理过且重要的信息。这样不仅提高了数据处理的效率,也优化了监控和控制指令的实施,使得变电站管理更加精准和高效。

在变电站层,各设备之间的信息传输时间要大于或等于 1000 ms。在这一层,信息通常涉及对整个变电站的综合分析或远程控制决策,因此传输时间可以相对较长。

二、变电站自动化系统的通信方案

(一)星型通信系统方案

星型通信以控制室内的站级计算机为中心,通过通信线缆以发散的方式连接到分散于各个开关柜上的监控 I/O 设备和保护设备,形成 1∶N 的连接形式。星型通信系统的设计特别适用于光纤通信,因为光纤技术难以实现 T 形连接,即不能直接构成总线结构,除非使用光纤环网技术,但这需要有源的光电转换设备。因此,采用光纤通信技术的变电站自动化系统基本上都采用星型连接。

星型通信系统具有以下特点:

(1)星型通信系统通常使用光纤作为通信介质。光纤通信具有天然的隔离性,能有效抵抗电磁干扰,这一点在充满高电压和电磁干扰的变电站环境中尤为重要。此外,光纤通信还提供了高安全性,这对于防止数据泄露或被恶意干扰至关重要。

(2)在星型系统中,每一个 I/O 单元和保护单元都通过独立的通道与站级计算机进行通信,单个通道的问题不会影响到其他设备,从而提高了系统的整体可靠性。同时,这种结构也便于故障检测与维护,因为问题可以被局限在特定的通道或设备上,不会波及整个网络。

(3)星型通信系统通过串行通信实现设备之间的互联,这种方式简单且成本效益高,易于实施和管理。串行接口广泛应用于多种设备和系统中,因此易于与现有技术兼容。

（4）尽管星型通信结构在许多方面具有优势，但其主要缺点之一是连接线较多，特别是站级计算机端的接线数量较多，这使得施工变得相对复杂。大量的布线工作不仅增加了安装的劳动强度，也提高了系统初建成本。

（5）星型结构中各 I/O 单元及保护单元之间的横向通信必须通过站级计算机进行。这种依赖中心节点的通信方式可能导致数据在传输过程中的延迟，降低通信效率，尤其是在数据量大或通信频繁的应用场景中。此外，所有通信负载集中在站级计算机上，也可能导致该节点的性能瓶颈。

（二）总线型通信系统方案

总线型通信系统是为了解决星型连接存在的局限而开发的一种通信方案。总线型系统通过一条或多条总线将各分散的监控 I/O 设备、保护设备及站级计算机连接起来，实现了设备之间的有效互连。为了增强系统的可靠性、性能和维护便利性，在变电站中通常会部署两条或多条总线，以提供必要的冗余性和更高的数据传输能力。总线型通信系统根据所使用的总线类型有所不同，以下是变电站自动化系统中常用的几种总线型通信技术：

1. RS422/485 低速总线通信

RS422 和 RS485 总线是工业通信中常用的低速总线标准，广泛应用于需要长距离和较高可靠性的应用场景。RS485 总线支持多点通信，能够连接多达 32 个设备（通过使用中继器可以扩展到更多设备），而 RS422 通常用于点对点通信。这些总线技术以其稳定性和经济性受到青睐，尤其是在电气噪声较多的环境中表现出色。RS422/485 总线通信因其简单的布线和较低的成本，特别适合用于变电站内部的设备通信，能有效传输简单的控制信号和状态数据。

2. LonWorks 现场总线通信

LonWorks 是一种为建筑自动化、交通控制及工业自动化设计的现场总线网络技术。它基于开放式互联网络标准，支持分布式处理和控制功能。LonWorks 网络能够处理复杂的自动化任务，并支持多种通信媒介如双绞线、光纤和无线技术，使其在自动化系统中非常灵活。在变电站自动化中，

LonWorks 可以用来实现复杂的控制策略和数据收集，支持大范围的设备互操作性，从而增强系统的整体性能和可靠性。

3. CAN 现场总线通信

控制器局域网络（CAN）是一种高度可靠的网络系统，最初为汽车行业设计，用于处理车辆内部的通信。因其高抗干扰性和优秀的实时性能，CAN 总线也被广泛应用于工业自动化和电力系统中。CAN 总线允许多个微控制器通过单一的总线通信，无需主机计算机。这种特性使其在变电站自动化中特别有价值，适用于处理实时数据传输和执行快速反应的任务，如继电保护和断路器控制。

4. 局域网通信

局域网（LAN）技术提供了一种高速且可靠的方式来连接变电站内的多个设备和系统。使用标准的以太网技术，局域网可以支持高数据传输速率，适用于传输大量数据，如实时监控数据和视频流。在变电站自动化系统中，局域网技术使得从场设备到控制系统的通信更加高效和可靠。此外，标准化的网络设备和协议简化了系统的扩展和维护，使网络管理更为便捷。

（三）环形通信系统方案

环形拓扑由封闭的环组成，每个节点设备连接到一个转发器，该转发器负责接收来自一个设备的数据并转发给下一个设备，直至数据回到起始点。

环形通信系统支持高度的数据传输可靠性。在环形网络中，每个节点均可作为数据传输的中继站，增强了网络的冗余性；即使单个节点或连接出现故障，网络通信仍可通过环中的另一路径继续进行，保证了系统的稳定运行。此外，环形结构还允许实现多环形式，通过设置多个环形网络层次和服务类，可以灵活地满足不同设备和应用的数据传输需求。

第三节　馈线自动化

馈线自动化是配电网自动化中的重要内容，其主要目的是实现配电线路在故障发生时的自动隔离和恢复供电功能，以减少故障影响范围并提高供电可靠性。

一、馈线自动化的控制方式

（一）就地控制，无数据采集

这是最基础的控制方式，故障处理设备独立运行，不依赖外部通信或数据反馈。设备在故障发生时自动执行预设操作，但无法提供状态信息反馈给控制中心。

（二）就地控制，有数据采集

类似于第一种方式，但增加了数据采集功能。尽管控制仍然是就地完成，设备状态信息和相关数据可以通过通信通道传送至控制中心，控制中心可以监视系统状况并进行数据分析。

（三）控制中心远方集中控制

在这种模式下，故障信息和设备状态由现场的测控装置收集后发送到远方控制中心。控制中心分析这些信息，确定故障区段，并远程下达操作命令，实现故障隔离和供电恢复。

（四）子站远方分布控制

此方式设有子站（如主FTU），在一定程度上替代了中心控制的功能。子站处理现场数据，完成故障定位和隔离，并与上级控制中心进行通信。这种方式既保持了远方控制的优势，又提高了响应速度和可靠性。

二、就地控制方式的馈线自动化

采用就地控制方式的馈线自动化系统,不需要建设通信通道,只需恰当利用智能配电开关设备的相互配合关系,就能达到隔离故障区域和恢复健全区域供电的功能。其典型配合方案有:重合器与重合器的配合、重合器与分段器的配合等。本节主要介绍重合器与分段器的配合。

(一)重合器

重合器是电力系统中用于自动控制电路断开和闭合的设备。在发生故障时,重合器能够暂时断开电路,然后在预设的时间后尝试重新闭合电路,以此尝试恢复供电。如果故障仍存在,重合器可以再次打开,保持线路断开,从而避免故障的进一步扩展。

1. 重合器的分类

根据其不同的设计和功能特性,可以按照几个标准对重合器进行分类。

(1)按相别分类。重合器可以根据其操作的电路相数来分类,分为单相电路用重合器和三相电路用重合器。单相重合器只控制一条电力线路的一个相,通常用于较小规模或较低电压的电网,其中一个相的故障不太可能影响到其他相。三相重合器能同时控制三条线路的所有相,保证了三相系统的同步操作。这种重合器在三相电力系统中更为常见,能有效处理可能同时影响三相的故障。

(2)按使用介质分类。油介质重合器使用绝缘油作为灭弧和冷却介质,油介质在电气设备中用其优异的绝缘性能和冷却效果。SF6介质重合器使用六氟化硫(SF6)气体,这种气体具有非常好的绝缘性能和灭弧能力。SF6重合器适用于高电压系统,能有效地处理大电流故障。真空介质重合器在真空中断断路器中使用,真空介质通过在密封的真空环境中断开和闭合电路来消除电弧。真空重合器具有维护需求低和使用寿命长的优点。

(3)按控制方式分类。按控制方式分类,重合器可分为液压控制式和电子控制式。液压控制式重合器使用液压机械系统来驱动开关操作。这种类型的重合器结构复杂，但提供了可靠的力量输出，适用于需要处理高负载电流的应用。电子控制式重合器采用电子控制系统来操作断路。电子控制提供了更高的精确度和可调性，允许更精细地管理电路的断开和闭合过程，且响应时间快，操作灵活。

2.重合器的主要技术参数

（1）额定电压。额定电压是指重合器可以安全操作的最大电压水平。在选择重合器时，其额定电压应大于或等于系统的电压，以确保重合器在电网正常电压下能够稳定运行而不会因电压过高而损坏。额定电压是保证重合器能够适应电力系统电压等级并有效进行电路断开和闭合的基础。

（2）额定电流。额定电流表示重合器可以承受的长期工作电流，它必须大于或等于工作线路的最大负荷电流。选择合适的额定电流是确保重合器在正常运行条件下不会因电流过载而发热或损坏，从而保障其可靠性和耐久性。

（3）短路开断电流。短路开断电流是指重合器能够安全中断的最大短路电流。这一参数至关重要，因为它确保了在短路故障发生时，重合器能够有效地隔离故障，防止故障扩散和可能的设备损害。重合器的短路开断电流必须大于或等于系统中可能出现的最大故障电流，以保证在极端条件下的性能和安全。

（4）最小脱扣电流。最小脱扣电流是重合器能检测到并响应的最小电流值，确保了重合器在检测到轻微故障时也能及时动作。选择合适的最小脱扣电流对于避免误动作和提高系统灵敏度至关重要，它帮助系统在发生小范围故障时仍能准确判断并作出适当反应。

（5）时间-电流特性（t-i特性）。时间-电流特性是重合器动作时间与通过电流大小的关系，通常表现为一系列曲线，包括瞬时动作特性和延时动作特性。这些曲线为重合器的设置和调整提供了依据，使操作人员可以根据实际需要选择和整定重合器，以适应不同的操作条件和保护要求。时间-电流特性使得重合器能够更精确地根据电流的变化做出快速或延时响应，优化保护策略和故障处理。

3. 重合器的工作原理

当配电线路发生故障（如短路），电流迅速上升至异常高值。重合器内置的保护装置能够监测电流的变化，并与预设的故障电流阈值进行比较。一旦监测到的电流超过这一阈值，保护装置将触发重合器的断开机制。一旦检测到故障，重合器迅速断开故障线路，切断电流的流动。这一操作是通过机械或电子开关实现的，目的是隔离故障，防止故障扩散到电网的其他部分，减少设备损害和安全风险。断开后，重合器会进入一个预设的延时期，通常从几秒到几分钟不等。这个延时期是为了给予足够的时间让暂态故障自然消除（例如，由雷击或树枝触碰线路引起的短路），或者允许操作人员手动介入处理。延时期结束后，重合器尝试重新闭合断开的电路。如果故障已经清除，电路将成功闭合，电力供应恢复。如果故障仍然存在，重合器会再次断开电路，并可能进入下一轮的重合闭合尝试，或最终保持断开状态等待人工处理。多数重合器能进行多次重合闭合尝试。它们通常配置有一个计数器，用以记录尝试次数并确保不超过设定的尝试限制。若多次尝试后故障仍未清除，重合器将保持断开状态，等待故障被永久修复。

4. 重合器在配电系统中的配置要求

在配电系统中配置重合器需要考虑多种因素，确保其有效地增强网络的可靠性与效率。具体来说，主要考虑以下几点：

第一，选择适当的位置。重合器应安装在配电网络中关键的节点上，如供电线路的分支起点或负载集中的地区。这有助于在发生故障时迅速隔离故障区域，减少影响范围。

第二，考虑电路负荷与容量。在配置重合器时，必须确保其额定电流和断路能力符合所服务电路的最大负荷和可能遇到的最高短路电流。

第三，网络结构分析。应详细分析配电网络的结构，考虑如何利用重合器优化网络的性能。这包括分析电网的冗余路径和关键负载点，以便在发生故障时能够最大限度地维持电网的稳定和供电。

第四，与其他保护装置的协调。重合器的配置应与系统中的其他保护装置（如断路器、熔断器）相协调，确保所有保护装置的设置阈值和操作特性能够互相配合，优化保护策略。

第五，通信和控制系统的集成。在智能电网环境下，重合器应能与远程控制系统和数据采集系统兼容，以便进行远程监控和控制。确保重合器的通信接口与控制中心的通信协议相匹配。

（二）分段器

分段器是配电系统中用于控制电路的一种设备，它允许对电力线路进行分段，以便在发生故障时能够隔离故障区段，同时保持其他区段的正常供电。分段器的主要功能是通过开关操作来分离或连接电网中的不同部分，从而实现故障区域的快速隔离和系统的灵活管理。

1. 分段器的分类

（1）按绝缘类型分类。①气体绝缘分段器。这类分段器使用气体（通常是SF6，六氟化硫）作为绝缘介质。气体绝缘分段器具有优良的绝缘性能和较高的断电能力，适合高压应用。②固体绝缘分段器。使用固态材料（如环氧树脂）作为绝缘介质的分段器。固体绝缘提供了良好的机械强度和较长的使用寿命，通常用于中低压电网。

（2）按安装方式分类。①户内分段器。用于室内安装，通常具有较好的环境保护和安全特性，适合于受控环境。②户外分段器。用于户外安装，具备防水和耐候性能，可以承受各种自然条件的影响。

（3）按操作机制分类。①手动操作分段器。需要操作人员现场或通过远程机械装置进行操作的分段器。这类分段器简单可靠，但对于迅速响应系统故障有限制。②自动操作分段器。配备电动或电子控制系统，可以自动执行开关操作。自动分段器可以迅速响应系统命令或故障条件，提高系统的自动化程度和响应速度。

2. 分段器的工作原理

当线路故障时，分段器可以记忆后备保护开关开断故障电流的次数，并达到额定的记忆次数1~3次后，在无故障电流（滞后 0.10 ~ 0.25 s）下自动分闸，隔离故障区段，使后备保护能成功地重合其余的无故障线路，保证无故障线路正常运行，将故障停电限制在最小范围。如果线路故障是瞬时的，则分段器计数器的计数次数可在一定时间后自动复位，将计数清除回复到零次状态。

（三）重合器与分段器配合实现故障区段隔离

故障处理的每个阶段都是由自动重合分段器根据故障闭合的时间来判断和处理的。在此方案中，时间的设置至关重要。首先，变电站内的断路器在检测到故障后应首先跳开，然后线路断路器会在设定的延时后跳开，以避免立即断开电源。接着，站内的断路器（或重合器）会尝试重合，以从电源侧向负荷侧送电。如果故障依然存在，当重合器再次合上故障点时，站内的断路器（或重合器）将再次跳开，同时故障点两侧的线路断路器将锁定故障段并断开，从而确保故障隔离后能成功恢复送电。

1. 辐射状网故障区段隔离

图 6-2 为一个典型的辐射状网络在使用重合器和分段器配合进行故障区段隔离时的流程图。

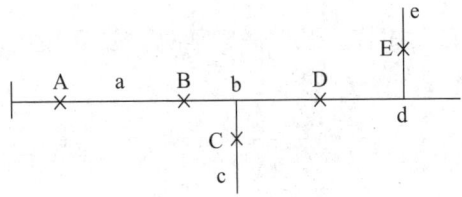

图 6-2　辐射状网故障区段隔离（政策状态）

（1）正常状态。在正常状态下，重合器 A 及线路上的所有断路器都是闭合的，如图 6-2 所示。

（2）第一次跳闸。当 C 段发生故障时，重合器 A 会跳闸，导致线路上的所有断路器因失压而断开，如图 6-3 所示。

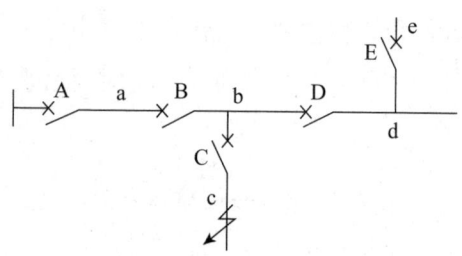

图 6-3　第一次跳闸

（3）第一次合闸。第一次合闸启动后，重合器 A 在第一次尝试重合后，电源重新接通至 a 段，如图 6-4。

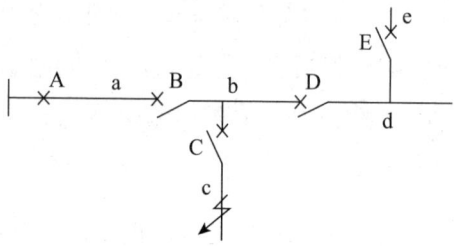

图 6-4　第一次重合闸

（4）分段器 B 自动闭合。经过一定延时，分段器 B 自动闭合，电源继续接通至 b 段，如图 6-5。

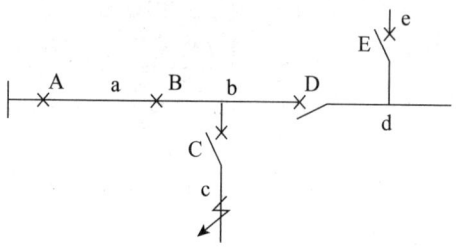

图 6-5　分段器 D 自动闭合

（5）分段器 D 自动闭合。经过一定延时，分段器 D 也自动闭合，电源进一步接通至 d 段，如图 6-6。

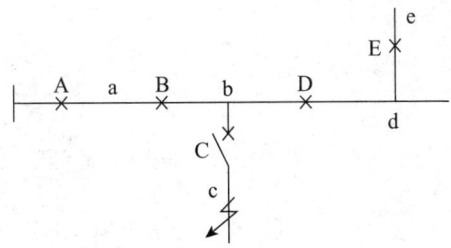

图 6-6 分段器 D 自动闭合

（6）重合器 A 第二次跳闸。当分段器 C 闭合并尝试接通 C 支线时，因为这个支线仍有故障，重合器 A 再次跳闸。由于分段器 C 闭合后很快又失压，所以判断该段存在故障，并将其闭锁，如图 6-7。

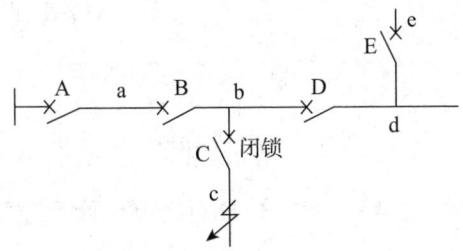

图 6-7 重合器 A 第二次跳闸

（7）第二次合闸。重合器 A 进行第二次合闸，此时分段器 B、D、E 依次闭合。由于分段器 C 已经闭锁，故障段被成功隔离，从而恢复了健全区段的供电，如图 6-8。

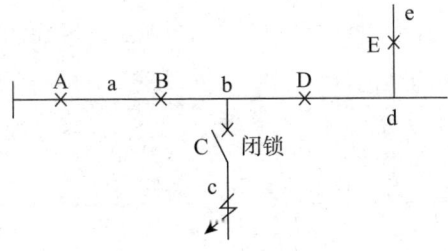

图 6-8 第二次合闸

2.环状网开环运行时的故障区段隔离

图 6-9 为典型环状网络（开环运行）在使用重合器和分段器配合时进

行故障区段隔离的示意图。

```
A a B b C c D d E e F
×—×—×—×—×—×—×—×—×—×—×
```

图 6-9　环状网开环运行时的故障区段隔离（正常状态）

（1）正常状态。图 6-9 中，重合器 A 设置为先慢后快的重合模式，第一次重合时间设定为 15 s，第二次重合时间为 5 s。分段器 B 和 D 采用自动重合分段器。在一般情况下，D 点断开，实现开环运行。

（2）故障发生。当 b 段发生故障时，重合器 A 跳闸，分段器 B 和 C 由于失压而断开。联络断路器 D 的控制器感应到一侧停电后，启动联络投入的确认时间，如图 6-10。

```
A a B b C c D d E e F
```

图 6-10　b 段发生故障

（3）第一次合闸。在第一次重合时间结束后，重合器 A 尝试重合，供电给 a 段。此时，断路器 A 检测到 a 侧来电，开始计时确认时间，如图 6-11。

```
A a B b C c D d E e F
```

图 6-11　第一次合闸

（4）分段器 B 闭合。经过延时后，分段器 B 自动闭合，开始供电给 b 段，并启动合闸后的确认时间。同时，分段器 C 准备启动其确认时间计数，如图 6-12。

```
A a B b C c D d E e F
```

图 6-12　分段器 B 闭合

（5）第二次跳闸。由于 C 段仍存在故障，重合器 A 再次跳闸。分段器 B 因感应到后端故障而闭锁，分段器 C 由于故障电压也闭锁，从而将故障段 b 隔离，如图 6-13。

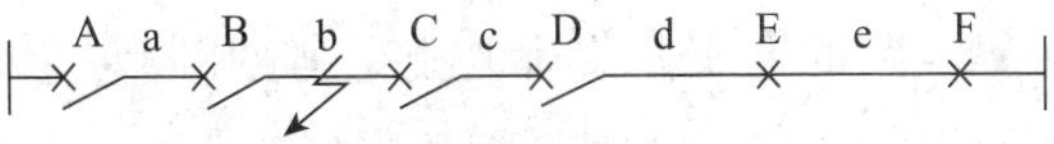

```
A a B b C c D d E e F
─┤ ─ ─╱─ ─ ─ ─ ─ ─ ─ ─├─
```

图 6-13　第二次跳闸

（6）第二次合闸。经过一段时间后，断路器 A 再次尝试合闸，由于分段器 B 已闭锁，电源重新送至 a 段。分段器 D 在延时后合闸，恢复 c 段的供电。至此，故障隔离及非故障段的供电恢复过程完毕，如图 6-14。

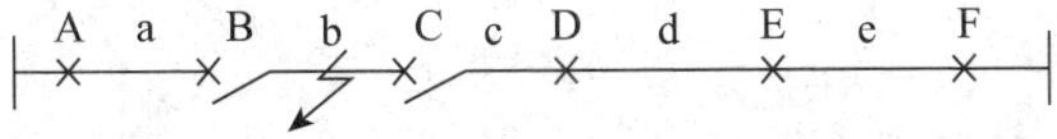

```
A a B b C c D d E e F
─┤ ─ ─╱─ ─ ─ ─ ─ ─ ─ ─├─
```

图 6-14　第二次合闸

三、远方控制方式的馈线自动化

远方控制方式的馈线自动化系统是建立在计算机监控系统和通信网络的基础上的，它所需用的主要设备是具有数据采集和通信能力的馈线远方终端单元（FTU）。

（一）FTU 的功能

FTU（Feeder Terminal Unit）即馈线终端单元，是一种用于配电网络的智能设备。其功能主要有：

1. 遥信功能

FTU 能够对配电网中关键状态进行监测，包括柱上开关的当前位置、通信状态及储能情况等。这些信息对于确保系统运行的连续性和响应故障至关重要。如果 FTU 集成了微机继电保护功能，它还会监控保护动作的状态，从而在出现系统异常时提供即时反馈。这种功能的实施有助于运维人员远程了解设备运行状况，及时调整或采取应对措施，增强系统的可靠性和效率。

2. 遥测功能

FTU 通过采集线路的电压、负荷电流、有功和无功功率等模拟量，为配电网提供详细的实时数据。特别是在故障检测方面，FTU 必须能够适应较大的输入电流变化，因故障电流通常远大于正常负荷电流。此功能通过使用如全波或半波傅里叶算法来快速响应故障，而正常运行状态下的电流测量则需要高精度，常采用均方根算法。这种区分保护和测量数据的能力，尤其是在数据采集方式上的分别，对于确保系统精确反应至关重要。

3. 遥控功能

FTU 的遥控功能允许运维人员远程控制柱上断路器的合闸和跳闸操作，以及启动贮能过程等。这使得在发生故障或需要重新配置网络时，可以不必派遣现场操作人员即可进行操作，大大提高了响应速度和操作安全性。此外，远程操作减少了现场人员的风险暴露，提高了整个配电系统的操作灵活性和效率。

4. 统计功能

FTU 能够对开关操作次数、动作时间及累计切断电流水平进行统计。这一功能对于评估设备性能、预测维护需求及确保系统长期稳定运行非常关键。通过这些数据，可以分析开关的耐久性和可靠性，指导维护策略的制定，从而优化资源分配和降低系统整体的运维成本。

5. 对时功能

FTU 的对时功能确保设备时钟与主系统的时钟同步，这对于所有时间敏感的操作都至关重要。时间同步对于事件的记录、故障分析和操作顺序的确定尤其关键，确保了记录的准确性和一致性，特别是在涉及多个设备和系统时。

6. 事件顺序记录 (SOE)

FTU 能够记录状态量变化的确切时刻和顺序，这对于事故分析和系统故障诊断非常重要。通过精确记录事件的时间戳和顺序，可以准确追踪事故发生前后的系统变化，从而有效地定位问题并采取相应的措施。

7. 事故记录

事故记录功能使 FTU 能够在事故发生时记录关键数据，如最大故障电流和事故前一分钟的平均负荷。这些数据对于后续的事故分析和故障区段的识别非常有价值，同时也有助于在恢复供电时进行负荷的重新分配。

8. 定值远方修改和召唤定值

为了适应配网运行方式的变化，FTU 需要能够接收来自 DAS 控制中心的定值修改指令，并允许控制中心随时召唤当前的整定值。这种功能的灵活性和响应性对于维持系统稳定和响应快速变化的需求至关重要。

9. 自检和自恢复功能

FTU 的自检功能可以及时检测并告警设备自身的故障，而自恢复功能则确保了在受到干扰或发生死机时，设备能通过监视定时器（WDT）自动重置，恢复正常运行。这些功能提高了系统的可靠性和自主性。

10. 远方控制闭锁与手动操作功能

远方控制闭锁功能确保在检修线路或开关时，相关 FTU 能够锁定，防止远程误操作导致的事故。此外，FTU 还应提供手动合闸/跳闸按钮，以便在通信通道出现故障时能进行手动操作，确保操作的连续性和安全性。

11. 远程通信功能

FTU 的远程通信功能支持标准的 RS232 或 RS485 接口，使其能与各种通信传输设备（DCE）连接。FTU 的通信规约需要标准化，以确保不同设备和系统之间的兼容性和有效通信，这是当前技术发展中的一个迫切需求。

(二) 基于 FTU 的馈线自动化系统构成

基于 FTU 的馈线自动化系统构成如图 6-15 所示。

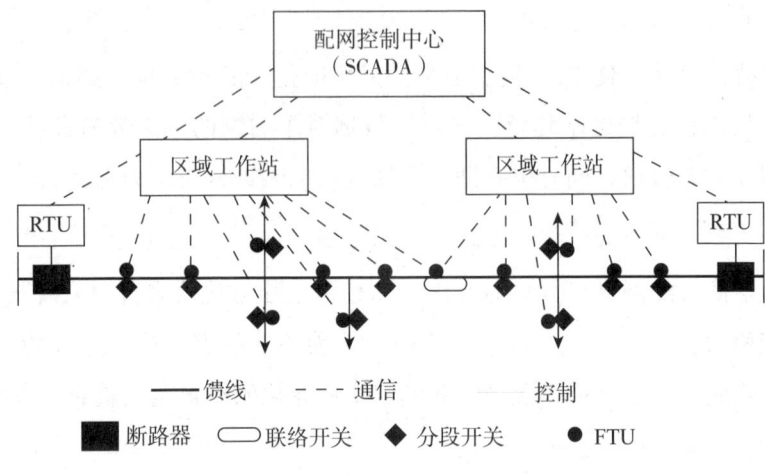

图 6-15 基于 FTU 的馈线自动化系统构成

图 6-15 中，每个 FTU 监测其所连接的柱上开关的运行状态，包括负荷、电压、功率、开关位置及其储能状态等，并通过通信网络将这些数据发送到配电网自动化控制中心。FTU 还能接收来自控制中心的操作指令，进行远程倒闸操作。在发生故障时，FTU 会记录故障前和故障时的关键数据，如故障电流和负荷电流等，并将这些信息传送到 DAS 控制中心。控制中心通过计算机系统分析这些数据，确定故障区段和最佳的供电恢复方案，然后远程隔离故障区段和恢复正常供电。区域工作站作为通道集中器和转发装置，整合众多 FTU 的数据并与 DAS 控制中心通信，还负责将采集单元的通信规约转换为标准的远动规约，如 SC1801、CDT、DNP 和 Modbus 等，使得配电网自动化 SCADA 系统能够利用调度自动化的成熟技术。

（三）故障区段判断和隔离的原理

在辐射状网、树状网和开环运行的环状网中，故障区段的判断和隔离是通过监测沿线各开关是否流过故障电流来实现的。这种方法依赖于对馈线上的开关进行实时电流监控，从而精确地定位故障。故障区段通常位于最后一个经历故障电流的开关和第一个未经历故障电流的开关之间。这种判断方法避免了仅根据开关跳开状态来确定故障位置的不准确性，因为在实际操作中，可能会发生距故障点最近的开关尚未跳开而其上级开关已经断开的情况。为了实现这种故障判断策略，安装在各开关上的馈线终端单元（FTU）需要进行适当的设置。这种设置相对简单，因为它不依赖于开关的整定值差异来隔离故障区段。多个甚至所有开关可以使用相同的设置组，这简化了配置并允许系统即使在增加馈线分段数量时也能稳定运行。

在闭环运行的环状网中，故障区段的判断则更为复杂，需要同时监测经过开关的故障功率方向。这要求FTU除了电流外还需采集电压信号，以确定故障功率的方向。通过这种方式，当某个分段开关的故障电流超过预设的整定值时，可以明确指出故障发生。此外，故障区段的特征是，与该区段相连的所有开关的故障功率方向都指向该区段，从而使得故障的定位和隔离变得更加明确和迅速。

第四节 配电图资地理信息系统

一、地理信息系统的概念与功能

（一）地理信息系统的概念

地理信息系统（GIS）是一种集计算机硬件、软件及数据集成的系统，专用于捕捉、存储、分析和展示所有形式的地理空间信息。GIS通过使用数字地图，即数字化的地图信息，将实际世界的地物以点、线、面的形式表达。点通过坐标体现，线通过矢量数据描述，而面则由一系列有序的线段定义。这些信息经过精确的数字化处理，能够准确展示地物的空间分布。

（二）地理信息系统的功能

GIS具有以下功能：

1.数据的输入与编辑整理

GIS的一个基础功能是将各种地理信息（如地图、航空照片、规划图等）转换为数字格式，以便计算机处理。这通常通过使用数字化仪或扫描仪完成。一旦数据被输入，GIS 允许用户编辑和整理这些信息，以确保数据的准确性和实用性。编辑过程包括更正错误、更新信息和格式化数据，使其适应后续的分析和管理需求。

2.数据的存储与管理

GIS 中的数据分为空间数据和属性数据。空间数据描述物理位置和拓扑结构，而属性数据存储在商业数据库中，记录地理元素的详细特性。GIS 不仅存储这些数据，还建立了空间数据和属性数据之间的关联，这为复杂的空间查询和进一步的分析提供了基础。

3.数据的检索与查询

GIS 允许用户通过图形查询相关的属性数据，或通过属性信息来检索特定的图形。这种互动查询能力极大地增强了用户从大量地理数据中快速获取所需信息的能力。

4.数据的分析与处理

GIS 提供多种数据分析工具，如空间信息处理（矢量转换、坐标转换等）、空间信息分析（如叠加分析、邻近分析）、数值地形分析（体积计算、流域分析等）和网络分析（最佳路径选择等）。这些工具帮助用户解决复杂的地理信息问题，进行高级的空间决策支持。

5.数据的输出

经过处理和分析的数据可以通过不同的输出设备展示，包括显示器、绘图仪或彩色打印机等。输出形式多样，可以是矢量图形、文字报表或分析图表等，满足不同的展示和报告需求。

二、配电图资地理信息系统的概念与功能

（一）配电图资地理信息系统的概念

配电图资地理信息系统是自动绘图（Automation Mapping, AM）、

设备管理（Facilities Management, FM）和地理信息系统（Geographic Information System, GIS）的总称，通常简称为AM/FM/GIS。其核心在于自动化地图制作和设备数据管理，通过高度集成的方式，提高配电网络的设计、监控、维护和管理效率。

（二）配电图资地理信息系统的功能

1. 电网建模功能

配电图资GIS允许对电网的各种组成部分进行详细的图形数据录入。用户可以输入包括变电站、开闭所、配变所、电杆、电缆、架空线、联络断路器、母线及用户自定义的设备类型等信息。此外，系统支持进入站房内部，进行电气接线和具体电气元件的建模，包括制作接线图并进行带电状态分析。

2. 配电网编辑建模

（1）架空线建模。提供架空线电杆、架空线路及其设备和辅助设备的编辑功能。系统支持同杆并架、自动布线等自动成图功能，并能实时计算并显示挡距。

（2）电缆建模。提供电缆线路、电缆接头、电缆井和各种电缆沟道的编辑。系统包括电缆沟剖面图的编辑模板，支持电缆定位的电缆入沟、出沟功能。

（3）电站、配电室建模。支持变电站和配电室的模型建立，包括接线图和平面图的创建。

3. 编辑功能

在基于接线图完成电站和配电室的建模过程中，系统提供基于电网运行原理及规则的设备或母线间连接关系的自动捕捉和建立工具。这提高了建模工作的效率并保证了模型数据的质量。编辑功能还包括锚定坐标网格以提高图形编辑效率、具有自动成图特色的高效工程化图纸编辑工具及方便的接线图复制功能，可以制定模板以提高数据录入速度。此外，系统还提供实体集编辑功能，方便用户进行批量数据的修改。

4.专题图自动生成

配电图资地理信息系统可以用于创建与电力网络相关的图表,如线路接线图和网络图。线路接线图详细显示了电力网络中线路的连接方式,包括各种电气元件如变电站、配电房、电缆和架空线的连接关系。这种图表对于执行故障分析、维护规划和故障响应计划至关重要,因为它们提供了设施间相互关系的精确视图,帮助技术人员迅速定位问题所在,优化响应策略。网络图则展示了整个配电系统的网络结构,包括所有网络元素和它们之间的逻辑连接。这包括母线、联络断路器及分布式能源资源等。网络图不仅有助于监控和控制电网运行,还可以用来进行系统的扩展分析和负载管理。通过展示电网的全貌,网络图使得运营人员能够优化电网设计和运营策略,提高系统的可靠性和效率。

专题图的自动生成大大减轻了手动创建复杂电网图的工作量,提高了数据准确性和工作效率。系统可以根据实时数据更新图表,确保所有信息都是最新的。此功能还支持自定义设置,用户可以根据需要调整图表的内容和样式,以适应不同的展示和分析需求。

5.综合查询统计

(1)图数查询。系统以设备数据为中心,集成了各种操作,如点图查询、逻辑查询、数据修改、设备显示和设备定位等。这种集成化的查询方法让用户能够方便且灵活地进行各种查询统计和管理工作。用户可以通过直观的界面访问和操作数据,实现高效的信息检索和设备管理。

(2)查询统计。系统提供了多种灵活的查询统计工具,支持生产管理部门的设备资料管理。具体包括:

①空间查询。用户可以在地理背景图上通过点选、圈选、框选等多种方式进行操作,系统将统计选中范围内的电力设备并简明地显示结果。这种空间查询工具对于评估特定区域内设备分布和状态非常有用。

②两点统计。用户选择电网中的两个点,系统会自动统计这两点之间的设备信息。这对于分析特定传输路径或检查两地之间连接的设施非常有帮助。

③线路统计。用户可以查询并统计整条线路上的设备信息。这对于维护和监测特定线路的性能和安全状态非常重要，尤其是在规划升级或故障响应时。

④多种统计。系统允许用户指定在某一地图范围内或某条馈线上，按不同电压等级和导线规格进行导线长度统计，或按不同型号和规格对杆塔、变压器等设备的数量及各种参数进行统计。这种多样化的统计功能支持复杂的数据分析，有助于优化资源配置和增强网络的可靠性。

6. 电网分析

（1）供电电源分析。操作者选择特定的线路或设备，系统会突出显示选中的线路或设备的供电来源，有助于理解电力是如何从源头传输到指定设备的，同时也便于在出现问题或进行系统优化时迅速定位和处理。

（2）供电范围分析。与供电源分析相似，供电范围分析功能可以对操作者选定的线路或设备的供电范围进行可视化展示。通过突出显示这些设备的供电范围，操作人员可以清楚地了解电力覆盖区域，优化电网布局或应对电网中断时的应急措施。

7. 配电网业务应用功能

（1）配电线路理论线损计算。系统可以根据设定的线损计算模型，计算单条线路、整个变电站的出线或整个网络的线损，并生成线损图。这有助于优化电网设计，减少能量损耗，提升经济效益和环保效益。

（2）停电管理和分析。系统可以处理各种电气主接线方式，并根据设备和线路状态生成正确的电气连通状态。系统提供的动态着色功能通过单线图展示设备的电气状态，如带电/不带电状态，同时还能进行分相着色。此外，系统还能提供停电管理，包括统计因线路、设备故障或其他原因导致的停电影响，并生成停电通知单。

（3）供电可靠性分析。系统能够生成供电可靠性所需的基础数据，并存储特定时期的供电可靠性计算结果，供随时查询，这对于评估和提升电网的整体可靠性至关重要。

（4）生产统计报表。系统允许自定义报表格式，生成配电设备台账及月、季、年度的设备统计报表，并可进行打印输出，有助于管理层进行决策支持和资源分配。

（5）操作票、工作票管理。工作票和操作票可以在系统中自动生成，通过WEB方式建立流程，实现工作票管理的规范化和科学化，提升工作效率和安全性。

（6）配电管理。实时监测配电网络的工况和负荷状况，通过在线运行监控界面展示各种实时信号，实现"四遥"功能（遥信、遥测、遥控、遥调），确保电网运行的高效和稳定。

三、配电图资地理信息系统在配电网自动化中的应用

（一）离线应用

1.图形的操作

当电网需要扩展或修改时，工程师可以通过系统界面直接进行操作，如拖动电缆路线、添加新的变电站或调整现有设施的位置。这不仅加快了设计过程，还使得实时更新和管理变得可能。此外，图形操作还支持模拟电网运行情况，比如在增加新负载或变更路线时预测可能的瓶颈和影响，这有助于优化电网的性能和可靠性。

2.空间测量数据

通过测量已有线路的实际距离和地形特征，系统可以计算出最有效的电缆布线方案，减少材料使用和施工成本。此外，空间测量数据还可用于分析电网覆盖范围，确保所有区域都能获得足够的供电，特别是在城市或复杂地形中的电网规划中尤为重要。

3.设备档案管理

通过在系统中维护每个设备的详尽档案，运维团队可以轻松访问任何设备的详细信息，包括安装时间、维护历史、故障记录和性能数据。这使得进行预防性维护、快速故障诊断和及时替换成为可能，极大提高了电网

的可靠性和服务质量。在发生故障时,系统还可以快速识别受影响的设备和相关的供电线路,从而迅速制订恢复供电的策略,最小化停电影响。

4. 用户报装辅助决策

当营业系统接收到用户的报装信息后,系统通过交互式的辅助设计工具来完成用户报装设计。首先,系统确定新用户报装的地点,自动分析并找到最近的配电变压器或电杆。系统不仅提供最近设施的位置,还显示这些设施的额定容量和当前负荷信息,自动计算和分析这些设备是否能满足新用户的报装要求。此外,系统还能自动提出可能的用户接入方案,并寻找最优的布线路径。完成这些步骤后,系统还将提供预算估算,帮助决策者和用户了解接入成本。

5. 开具操作票

在系统界面上,操作人员可以直接使用鼠标在地图上选择操作对象。系统会自动将操作对象的名称及其当前状态填入相应的操作票表单中。操作人员之后可以从标准动作库和术语库中选择操作目标结果。这种方法使开具操作票的过程变得非常便捷和准确,极大减少了传统手工输入的错误和时间消耗。

(二)在线应用

1. 反映配电网的运行状况和故障定位

系统使得电网运营商能够在地理信息的上下文中可视化和跟踪所有电网资产,如变电站、配电线路、电缆和开关等。这些信息通过 GIS 进行动态更新和展示,包括设备的运行状态、负载水平及其他关键性能指标。这种实时的可视化功能不仅有助于运营人员快速理解整个电网的运行情况,还能即时识别出发生异常的区域,从而采取相应的措施。当电网中发生故障时,GIS 能够利用其地理信息和网络拓扑数据来精确地定位故障点。系统会自动分析来自各种传感器和智能设备的数据,通过算法确定故障发生的具体位置。这项功能大大加快了故障响应和修复的过程,减少了故障的影响范围和持续时间,提高了电网的可靠性和服务质量。此外,GIS 还支持故障分析，帮助技术人员了解故障的原因和性质，为今后预防类似事件发生提供数据支持。通过历史数据与实时数据的综合分析，GIS还能辅助运营人员进行风险评估和决策支持，优化配电网的运营和维护策略。

2.负荷管理

负荷管理是确保电力系统稳定运行的核心任务之一，涉及对整个电网的负荷状况进行实时监控和优化。通过配电图资地理信息系统的应用，能够实现对电网负荷的高效管理，从而提高供电的可靠性和经济效率。

系统通过整合来自各种智能设备和传感器的数据，能够提供配电网负荷状况的信息，包括实时负荷水平、负荷变化趋势和历史负荷数据的分析等。通过这些信息，运营人员可以在地理空间上可视化不同区域的负荷密度，识别出高负荷区域和可能的负荷不平衡问题。此外，系统还支持进行预测分析，帮助运营人员根据过去的负荷模式和当前的趋势预测未来的负荷变化。这种预测能力对于制订长期的电网升级和维护计划至关重要，因为它可以指导电力公司对其基础设施进行投资，以应对未来的增长需求或变化。最后，通过调节电网的运行参数，如电压水平或频率，可以来动态地管理和优化负荷。例如，系统可以协助实施需求响应措施，通过调节特定区域内的负荷响应设备，减少电网的峰值负荷，从而降低能源成本并增强系统的整体稳定性。

3.停电管理

系统能够对配网停电进行模拟分析。当设定了一次停电事件后，系统利用网络拓扑分析自动确定最合适的停电隔离点和最优的负荷转移策略。此外，系统还能模拟计算该停电事件可能影响的供电可靠性、涉及的停电用户数量及预期的售电损失等关键指标。这一系列模拟分析为电力公司制订停电计划提供了科学的数据支持和决策基础，确保停电管理既高效又具有成本效益，同时尽量减少对用户的影响。这种分析工具不仅增强了电网的运营能力，还提升了服务质量和顾客满意度。

第五节　自动抄表计费

一、抄表技术概述

（一）电能表的发展

1. 机械式电能表

早期的电能表主要是机械式电能表，也称为感应式电能表。这类电表的原理主要基于电磁感应，通过机械转盘计量电能消耗量。机械式电能表的优点是技术成熟、成本较低、耐用且相对稳定，特别是对电源瞬变和无线电频率干扰的抗扰性较强。然而，机械式电能表也存在明显的局限性，比如难以提高测量精度，维护和校准过程烦琐，且无法提供除基本计量之外的其他智能功能。

2. 电子式电能表

20世纪70年代，随着电子技术的发展，电子式电能表开始普及。电子式电能表采用电子电路和元件来完成电能的测量和记录，这种电表具有高测量精度、低功耗、小体积和轻重量的特点。更为重要的是，电子式电能表能够集成更多功能，如复费率计费、最大需量记录、有功和无功电能测量、电压和频率的实时监控等。这些功能的集成为电网管理提供了更为复杂而详细的数据支持，极大地增强了电网的调控能力和经济运行效率。

电子式电能表根据电能转换和计算的不同技术原理，可分为热电转换型、模拟乘法器型和数字乘法器型3种。

（1）热电转换型电能表。热电转换型电能表基于热电效应工作，这种类型的电表通过测量电路中电流产生的热量来计算电能消耗。电流通过一个具有一定电阻的导体时会产生热量，热量的多少与通过导体的电流大小成正比,从而可以推算出电能的消耗。热电转换型电能表的主要优点是结构简单和稳定性好,但这种类型的电能表受环境温度的影响较大,精度和动态响应速度相对较低,因此在实际应用中较少见。

(2)模拟乘法器型电能表。模拟乘法器型电能表利用模拟电路来完成功率的计算,通过将电流和电压的模拟信号输入一个模拟乘法器中,实现实时的功率计算。这种类型的电表能够连续监测电网中的电流和电压变化,通过模拟处理器计算出即时的电能消耗。其优点是反应速度快,可以实现较高的测量精度。然而,模拟乘法器型电能表的缺点在于随着时间的推移,模拟元件可能会因老化或温度变化而漂移,这会影响长期运行的稳定性和准确性。

(3)数字乘法器型电能表。数字乘法器型电能表采用数字信号处理技术,通过AD转换器将电流和电压的模拟信号转换为数字信号,然后在微处理器中用数字乘法器来计算功率。这种方式不仅提高了测量的精确度,还增强了电表的功能性,如可以轻松集成远程读表、数据存储和复杂的费率计算等功能。数字乘法器型电能表的优点是精度高、功能强大、可靠性好、适应性强。缺点可能是成本相对较高,并且对电磁干扰的抵抗能力需要特别设计。

3.多功能电子式电能表

20世纪90年代,随着微处理器技术的引入,多功能电子式电能表的发展进入了一个新的阶段。这类电能表不仅保持了电子式电能表的基本优点,而且通过内置微处理器,能够实现高度复杂的数据处理和更多辅助功能,如失压记录、事件记录、负荷曲线和功率因数测量等。一些先进的模型甚至可以实现远程读表和实时数据通信,为远程电力管理和故障诊断提供了可能。

多功能电子式电能表具有以下功能:

(1)用电计测功能。多功能电子式电能表在用电计测方面提供了累计计量和实时计量两种主要功能。累计计量功能能够记录双向供电的有功电能、无功电能和视在电能的消耗量。此外,还包括对掉电时间、掉电次数及超过规定功率的时间的累计记录,这些都是传统电能表无法实现的功能。实时计量功能则能够监测和显示各相电流、相电压、线电压及三相的有功功率、无功功率、视在功率、功率因数和供电频率等数据。这为实时数据分析和即时决策提供了可靠的基础。

(2)监视功能。主要包括:①最大需量监视。计算窗口通常为 15 min,滑差为 1 min,用以优化电力资源的使用。②防窃电监视。通过监测电网中可能的非法电力使用,保护电力资源。③缺相指示、断电与供电恢复时间记录及电压异常报警等监视。

(3)控制功能。控制功能包括:①复费率分时计费的时段控制,电费可以根据不同的时间段(如峰谷时段)进行差异化收费。②负荷控制功能,允许电表根据设定的参数自动调节电网负荷,优化电力使用。

(4)管理功能。管理功能主要涉及:第一,按时间段或复费率进行计费、抄表和组网管理等。第二,电表可以根据季节、星期、日或特殊节假日调整费率,这些费率设置由供电部门决定。

(5)存储功能。存储功能允许电能表在其内置存储器中记录并保存一段时间内采集到的各项参数及事件,并确保在掉电情况下数据不会丢失。

(6)自恢复与自检测功能。①自恢复功能。通过内置的看门狗定时器(WDT),确保电表在程序异常或系统崩溃时能够自动复位。②自检测功能。允许电表通过内置程序对硬件部分进行检测,确保工作的准确性和可靠性。

随着物联网技术的普及和应用,电能表正逐步成为智能配电网中的一个重要节点,通过高速通信网络与中央管理系统实时交换数据。这种智能电表不仅能够实时监控电力消耗,还能根据电网负荷自动调整电力分配,有效地平衡供需关系,提升能源利用效率,支持可持续发展策略。

(二)抄表计费方式的发展

1.手工抄表方式

最初的抄表计费方式是纯手工进行的。抄表员需亲自访问每一个用户,读取电表上的数值,然后用纸和笔记录下来。回到办公室后,利用这些数据来计算用户的电费。这种方法简单直接,但效率极低,且容易出现读数错误和数据录入错误。此外,这种方式对抄表员的身体和时间要求极高,也增加了管理成本。

2.无线电自动抄表方式

随着无线通信技术的发展,无线电自动抄表方式逐渐兴起。这种方式通过无线通信模块使电表和手持抄表器之间进行数据交换。抄表员只需靠近电表一定距离即可自动读取数据,无需直接接触电表,这显著提高了抄表速度和准确性。此外,无线自动抄表减少了人为操作的错误,提高了数据的可靠性。

3.预付电能计费方式

预付费电能计费方式通过磁卡或IC卡实现电费的预先支付,用户购买一定量的电量后,电表中的余额随着电量的使用逐渐减少,当余额耗尽时,电表自动切断电源。这种方式有效控制了电能的使用,减少了欠费问题,同时也让用户更加意识到电能的消耗。

预付费电表按照执行机构的不同,分为投币式、磁卡式和IC卡式。投币式电表主要用于简单的商业环境或公共设施,如洗衣房、公共澡堂或某些老式公寓。用户通过投入硬币来购买一定数量的电能。这种电表内部设有机械装置,能够根据投入的硬币数量自动计算出相应的电量,并在电量用完后自动切断供电。投币式电表的优点是操作简单,但缺点是安全性较低,容易受到盗窃或破坏。磁卡式电表使用磁卡作为支付和识别工具。用户在电力公司或充值点购买带有一定电量的磁卡,通过在电表上刷卡来充值电量。磁卡式电表内部含有磁卡读取设备,能够识别磁卡中的数据,并根据数据中的电量信息更新电表显示的余额。这种电表相比投币式具有更好的安全性和便捷性,但磁卡的磨损和损坏仍然是其运维中的一个问题。IC卡式电表使用集成电路卡(IC卡),这种卡片拥有更高的数据存储能力和安全性。IC卡可以多次读写,不仅可以存储电量数据,还可以记录用户的使用习惯、历史充值记录等信息。IC卡式电表通过IC卡与用户进行交互，用户在售电点充值后，IC卡将更新的电量信息写入卡内，然后用户将IC卡插入电表进行充值操作。IC卡式电表的优点是安全性高，功能强大，支持多种计费策略和服务，是目前预付费电表中技术最先进的一种。

4.远程自动抄表方式

远程自动抄表技术利用低压配电线、电话网、无线通信网、RS-485或现场总线等多种通信媒介，结合电表、抄表模块及抄表集中器上的软硬件系统，实现了不出门即可完成的抄表功能。这不仅极大地提高了抄表的效率和准确性，还为电力数据管理和大数据分析提供了可能，是推动智能电网和智慧城市发展的关键技术。

二、远程自动抄表系统的构成

远程自动抄表系统（Automatic Meter Reading System，AMRS）通过多种通信媒介，如公共电话网络、负荷控制信道、低压配电线载波等，将电能表的数据自动传输到计算机电能计费管理中心进行处理。利用该系统，不需要人员实地访问即可自动完成抄表并实现实时监控。远程自动抄表系统一般由以下几部分构成：

（一）电能表

在远程自动抄表系统中，电能表是核心的电能计量装置。用于远程自动抄表系统的电能表主要分为脉冲电能表和智能电能表两大类：

1.脉冲电能表

脉冲电能表通过输出与转盘转数成正比的脉冲串来实现电能计量。这类电能表根据输出脉冲的实现方式又可进一步分为两类：一是电压型脉冲电能表。这种类型的电表通过电压脉冲输出来表示电能使用量，通常适用于较小规模或较低精度要求的应用场景。二是电流环型脉冲电能表。使用电流环输出脉冲，适合于需要高精度和高可靠性的应用，因为电流环接口能够提供更稳定和精确的数据传输。

2.智能电能表

智能电能表通过串行接口以编码方式进行远程通信,是现代远程自动抄表系统中更为常见的设备类型。这些电表具备高度的集成度和智能化功能,能够提供更复杂的数据处理和通信能力。根据输出接口通信方式的不同,智能电能表可分为:①RS-485接口型。采用 RS-485 串行通信接口,适用于多点通信和较长距离的数据传输,广泛应用于工业和商业环境。②低压配电线载波接口型。使用现有的低压配电线作为通信媒介,通过载波信号传输数据,可以有效地降低系统部署的复杂性和成本。

(二)采集终端

在远程自动抄表系统中,采集终端专门用于采集连接到它的多个电能表的电能数据,并通过处理后,将这些数据通过各种信道传送到系统的上一级,如中继器或集中器。采集终端通过脉冲连接电缆直接与脉冲电能表的脉冲信号口相连,从而实现电能量值的精确采集。

采集终端的功能非常全面。第一,它可以设置不同的电价时段(如峰、谷、平时段)并计算每个时段的电能量累积值。第二,它还能计算每条线路的功率,并记录下负荷的最大需量及其发生时间。第三,采集终端还具备高级的通信功能,能够响应集中器和便携式抄表器(如红外抄表器)的通信请求。这包括对电能表参数的设置与查询,如电表常数、表底数及终端自身的地址码。通过 RS-232 串口和红外接口,采集终端可以直接在现场进行这些操作,确保数据的实时性和准确性。第四,采集终端具有安全和监控功能。它能监测并记录诸如失电、断相等事件,并及时上报。同样,对于电表的停电、超过最大合同容量、参数变更等重要事件也能进行监测和记录,确保系统的稳定运行并及时处理异常情况。

采集终端装备有载波收发器芯片,这使得它能通过电源通道将数据耦合到低压电力线上,并顺利传输到集中器。这种技术的应用极大地简化了数据传输过程,减少了对复杂线路布设的依赖,特别适用于电表集中的场合如电表柜等。因此,采集终端不仅是远程自动抄表系统中的一个核心组成部分,更是电能数据高效管理和远程监控的关键工具。

（三）采集模块

采集模块是连接单个用户电能表与系统上一级（如中继器或集中器）的桥梁，用于采集电能表的电能量信息，处理这些信息后，再通过信道传送至更高一级的数据管理系统。

采集模块具备多种功能，使其在电能数据的管理和传输中发挥核心作用。首先，它配备了内部时钟，确保所有数据记录都有确切的时间标记，这对于账单计算和电能使用分析来说是必不可少的。其次，采集模块内部具有数据保存功能，可以在本地存储大量的电能使用数据，包括电能表的峰、谷、平电能量累积值等，这些数据可以用来进行历史数据分析和趋势预测。第三，采集模块还具有数据冻结功能，可以在特定时间点保存电能使用数据。冻结的数据为电力公司提供了准确的计费依据，避免了数据在传输过程中的任何误差影响计费结果。第四，采集模块内部可以设置四个不同的电价时段，允许电力公司根据不同时间段的电价政策来计算电费，这样可以更灵活地应对电力市场的需求和供应变化。第五，采集模块还能计算电能表功率并记录负荷的最大需量及其发生时间。第六，采集模块不仅能够响应集中器和便携式抄表器的通信请求，对电能表参数进行设置和查询，还能监测如失电等关键事件，并将事件的发生时间和详细信息上报给集中管理系统。

（四）集中器

集中器主要负责汇集、处理、存储来自电能表或采集终端的数据，并与上级系统（如电力公司的主站）进行数据交换。集中器的主要功能如下：

（1）数据的采集、处理及存储。它能自动按照预设的抄表间隔收集各用户电能表的累计电能量，这些数据会根据抄表周期自动更新，确保每次数据的准确性和连续性。为了提供数据恢复和历史对比的功能，集中器至少会保存两个抄表周期、两个抄收间隔和两个抄读间隔的电能数据。

（2）设置功能。这包括初始化参数设置、抄表间隔的调整以及自动抄表日的设定，同时还有安全措施以防止未授权的操作。

（3）校时功能。集中器可以接收上一级的校时命令，确保所有数据记录都具有一致的时间标准，这对于计费和数据管理极为关键。

（4）通信功能。集中器不仅支持与本地设备的直接通信，还能与更高一级的集中器或主站进行远程通信。

（5）自诊断和异常信息记录功能。集中器能够自动检测并记录设备运行中的任何异常或错误，包括通信故障，并及时发出警报。

（6）扩展功能。扩展功能如冻结命令发布，使得集中器可以在指定时间点冻结电能表的累计电能量数据，这对于确保计费周期内数据的不变性和防止数据在传输过程中的误差至关重要。

（五）信道

信道是实现数据传输的媒介。信道在远程自动抄表系统中分为上行信道和下行信道。上行信道主要用于将数据从地方级的设备（如集中器或采集终端）传输到更高级的管理中心或主站。这种信道确保了收集到的数据能够被及时并准确地发送到中心系统进行进一步的处理和分析。例如，集中器的上行信道是它与主站之间的通信线路，它负责将从采集终端收集的数据发送到主站。下行信道则用于传输控制命令或配置信息从中心系统到地方级的设备。例如，集中器的下行信道是指其与采集终端之间的信道，用于发送配置信息或接收来自采集终端的数据。采集终端的下行信道通常指其与电能表之间的信道，用于直接从电能表中读取数据。

信道有无线电波、电力线、电话线等多种形式，选择合适的信道类型对于确保数据传输的可靠性和系统的整体性能至关重要。无线电波信道提供了灵活性和扩展性，适合地理分布广泛的应用；电力线通信则利用现有的电网基础设施，减少了额外的布线需求，适用于密集的居民区或工业区；电话线则是一种传统选项，通常用于稳定的、长距离的数据传输。

（六）后台主站系统

后台主站系统是一个计算机系统，它通过各种信道接收来自集中器的信息，然后对这些信息进行采集、处理和管理。后台主站系统具有以下功能：

1.抄收功能

后台主站系统能够按照设定的抄表周期和抄收间隔自动抄收集中器中的电能表数据，包括用户的累计电能量及其他相关信息。此外，主站系统还支持实时随机召读和按地址选抄的功能，使得电力公司可以灵活地管理和查询特定用户或区域的电能使用情况。

2.设置功能

系统管理员可以在这里设置和调整设备的初始参数，如自动抄表周期、抄收和抄读间隔等。此外，系统还具备防止非授权人员操作的安全措施，增强了系统的安全性。

3.校时功能

主站系统通常会配置全球定位系统（GPS）来校准时间，这对于保持数据同步和避免时间误差非常重要，尤其是在进行时间敏感的电费计算和数据分析时。

4.自诊断功能

主站系统能够自动进行系统自检，及时发现设备或通信异常，并记录这些异常情况。当系统检测到问题时，它会自动发出报警，帮助技术人员迅速定位并解决问题，保持系统的稳定运行。

5.扩展功能

扩展功能包括发布冻结命令以锁定指定时间点的电能表数据，分析各时段的最大负荷和其发生时间，以及进行异常用电分析和报告。这些功能对于优化电网运营、改善能源分配效率及及时响应电网异常情况至关重要。

三、远程自动抄表系统的通信方式

（一）运用电话网进行远程抄表

这种方法主要将电话网作为数据传输的介质，适用于那些需要覆盖较大区域且电能表分布广泛的场景。

采集终端通过 RS-485 总线连接电能表，并将从电能表收集的数据通过专用电话线进行传输。在这个过程中，每个采集终端都配备了一个调制解调器，调制解调器的作用是将采集终端的数字信号调制成能在电话线路上传输的音频模拟信号。当这些信号通过电话线路传输到远端后，远端的调制解调器再将音频模拟信号解调回数字信号，使得数据可以被远端设备正确接收和处理。这种方式允许数据在电话网络上有效传输，实现了电能数据的远程抄表和管理。运用电话网构成的远程抄表系统如图 6-16 所示。

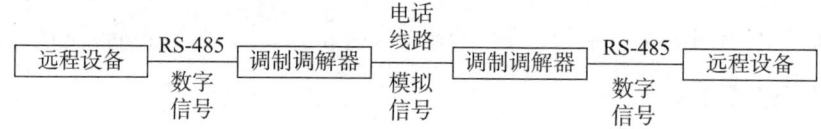

图 6-16　运用电话网构成的远程抄表系统

运用电话网进行远程抄表的优点在于其依赖已经广泛建立的电话网络基础设施，因此在没有高级通信技术覆盖的地区仍然可以实施。此外，电话线基于其成熟的技术和广泛的安装基础，提供了一种相对低成本且可靠的数据传输手段。然而，电话线传输的速度和数据带宽可能不如现代的数字通信技术如光纤或无线通信快速和高效，这是在考虑未来升级时需要权衡的因素。

（二）运用低压配电载波进行远程抄表

利用低压配电载波实现远程抄表是一种在电力供应企业中广泛使用的技术。电能表的数据通过低压配电线直接传输至若干数据集中器，集中器再将数据通过手持抄收机或公用电话网传送到用电管理中心。这样的配置使得电能表的数据收集和传输变得更为便捷和可靠，特别是在配电小区内。

运用低压配电载波技术构成的远程抄表系统如图 6-17 所示。

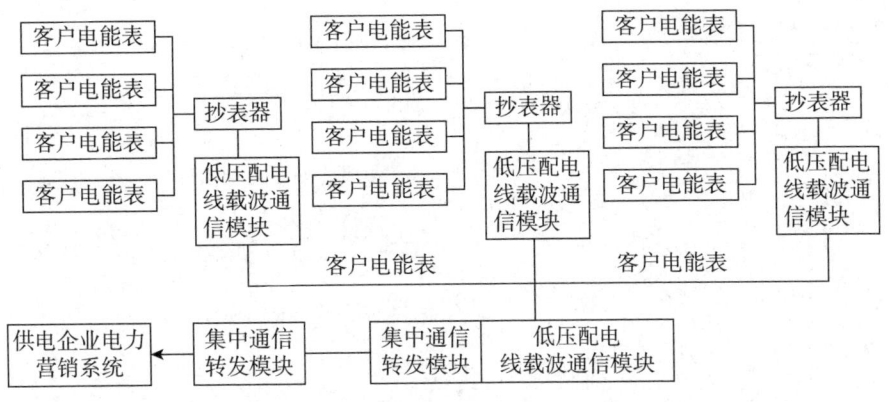

图 6-17 运用低压配电载波技术构成的远程抄表系统

基于低压配电线载波技术的远程抄表系统通常采用集中安装电能表的方法。对于那些已经分散安装的电能表，系统需要对这些表进行改造，集成抄表计数器和低压配电线载波通信模块，从而实现与集中抄表器的通信连接。在图 6-17 所示的系统中，集中器被配置在每个配电变压器下，形成单独的子系统，集中器作为这些子系统的主控端。通过低压电力线，集中器管理子系统内所有设备，包括各种表计的采集模块和采集终端，实现高效的数据传输和集中管理。

低压配电载波技术的应用极大地提高了电力部门对配电网络运行设备及其运行状态的管理水平，同时也提升了用电区域电能表的自动化抄表和管理能力。通过这种技术实施的系统能够进行电能量数据的全面采集、电费计算，供电可靠性分析和报表生成，实现了用电管理工作的全面自动化。此外，该技术的实施可以配合城市和农村配电网的现代化改造，不仅增强了电网的智能化水平，还通过减少人工抄表的需求，降低了运营成本，增强了系统的经济效益和服务质量。

第七章 电力系统安全自动装置

第一节 概述

一、电力系统安全运行的防线

电力系统的安全和稳定运行对保障社会经济活动和居民日常生活至关重要。为了确保电网在各种潜在的故障和异常情况下仍能保持稳定,电力系统设计了三道防线,每条防线针对不同的风险和故障情况,配备相应的技术和措施。

(一)第一道防线:预防性控制

第一道防线的作用是在常见故障发生时仍能保持系统的稳定性和连续供电。通过如下几种方式维护电网稳定:一是发电机功率预防性控制。通过调整发电机的输出,防止因功率波动引起的系统不稳定。二是发电机励磁附加控制。在电压或频率异常时自动调整发电机的励磁,以稳定电网运行。三是电容补偿控制。通过并联和串联电容器来调节网络的无功功率,改善电压质量和减少损耗。四是高压直流输电功率调制及灵活交流输电系统(FACTS)。利用高级电力电子设备调节输电线路的功率流动,增强电网的可控性和灵活性。

（二）第二道防线：快速切除故障

第二道防线针对的是发生概率较低但可能影响电网稳定性的故障。该防线通过快速继电保护和断路器迅速将故障元件从系统中隔离。采用紧急控制措施如下：①稳定控制装置。在检测到系统不稳定迹象时，自动启动稳定控制。②切机与切负荷控制。在必要时，快速断开部分负荷或发电机，以避免系统过载或进一步的损害。③紧急电容补偿。在电压或频率异常时，迅速调整电容器的投切，以稳定电网。

（三）第三道防线：紧急控制与自动保护装置

第三道防线是最后的保障措施，用于处理多重严重事故，当电网的稳定性受到严重威胁时启动。这一防线包括：①失步解列与再同步装置。在机组失步时，快速将其与系统解列，必要时进行再同步。②频率与电压紧急控制。在极端情况下，通过调整频率和电压的自动控制，防止系统崩溃。③集中切负荷。在电网面临崩溃时，集中切除大量负荷以保护关键设施和避免更广泛的停电。

二、安全自动装置的要求

安全自动装置能够迅速减少功率过剩地区的发电机功率及切除功率缺额地区的负荷，主要用于防止电力系统稳定性破坏、防止事故扩大、防止电网崩溃及大范围停电，并努力恢复电力系统的正常运行。安全自动装置的设计和开发需要满足多种基本要求，以确保在紧急情况下的有效性和可靠性，具体如图 7-1 所示。

（一）可靠性

安全自动装置的可靠性是其最基本的要求。可靠性不仅指装置在需要动作时能够准确执行（信赖性），还要在不需要动作时保持静态不误动（安全性）。这意味着装置必须具备高度的抗干扰能力，并能够长期连续工作而不出现拒动或误动。实现高可靠性需要装置设计时考虑所有可能的工作环境和条件，确保在各种情况下都能稳定运行。

第七章 电力系统安全自动装置

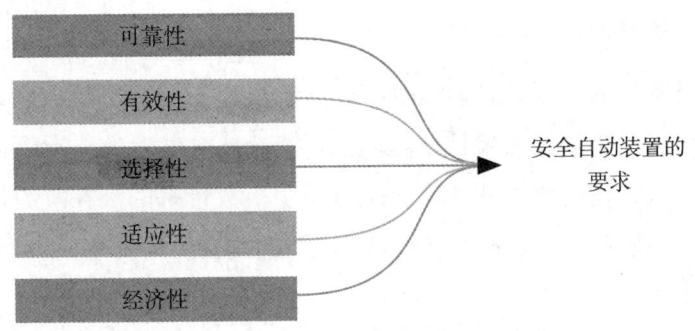

图 7-1 安全自动装置的要求

（二）有效性

安全自动装置的有效性关乎其控制措施实施后能否使系统恢复或维持稳定状态。这不仅要求装置能够在大扰动后迅速采取行动控制局部机组出力或负荷，还需要确保所控制的量确实能够满足系统稳定的需要。此外，在选择控制对象时，应优先选择那些对系统稳定性提升最有效的机组或设备进行控制，以最大程度上增强系统的整体稳定性。

（三）选择性

电力系统的安全自动装置需具备良好的选择性，能够根据故障的性质、严重程度及其对系统稳定性的影响进行区分，并采取相应的措施。虽然安全自动装置的保护对象界面可能不如继电保护那样明确，但它们仍需在一定范围内明确保护目标。例如，一个设备可能只负责特定电厂的输出线路保护，而更广泛的网间稳定控制可能由其他系统实施。

（四）适应性

安全自动装置必须具有高度的适应性，能够适应不同电力网络的控制需求和长远的发展需求。例如，安全自动装置能够适应不同电厂和电网的特定控制要求；设备应具有足够的通用性和典型性，以适应未来的扩展和升级。装置的设计应能够灵活地适应各种操作条件，保证在变化的电网环境中继续有效运行。

(五)经济性

从电力系统的规划设计阶段到正常运行阶段,乃至于防止重大事故发生的各个方面,都需要考虑成本与收益。安全自动装置的成本效益分析应包括初始投资、运行维护成本以及通过避免事故带来的潜在节约。这种全面的经济性评估有助于制定出既实用又经济的安全控制策略。

三、安全自动装置的基本构成

(一)测量部件

安全自动装置的测量部件负责精确地收集电力系统的实时数据。测量部件通常包括各种传感器和计量装置,如电压、电流、频率和功率等传感器,这些设备能够监测电力系统的关键参数。测量部件的精度和响应速度对整个安全自动装置的性能至关重要。高精度的测量确保了数据的准确性,使判别部件能够基于准确的输入做出有效的决策。由于电力系统的复杂性和广泛分布的特性,测量部件需要在电网的多个关键节点布置,以全面覆盖重要的监控点。这不仅有助于提供全局的视角,还能够在局部发生问题时,迅速定位并处理问题,确保电网整体的稳定性和安全性。

(二)判别部件

判别部件负责分析由测量部件收集到的数据,并判断系统是否处于正常状态或是否需要采取紧急措施。该部件的核心任务是识别可能对电网稳定性构成威胁的异常情况,如过电压、过电流、频率波动或其他电力质量问题。一旦检测到这些异常,判别部件将确定合适的响应策略以防止潜在的事故发展。

(三)控制量形成部件

基于判别部件提供的分析结果,控制量形成部件形成具体的控制指令以调整电力系统的运行或激活必要的保护机制。其主要功能是将判别逻辑转换为实际可执行的控制命令,如调节发电量、切断负载、调整电网频率或启动备用系统等。控制量形成部件设计时需确保其输出的控制指令既精确又适时，以最大限度地减少电力系统的不稳定性或潜在损害。这要求该部件具备高度的精确度和响应速度，能够快速生成控制信号以应对电网中迅速变化的条件。此外，控制指令的生成通常是在一系列安全和性能约束条件下进行的，确保在不超过系统设计极限的情况下有效地解决问题。

（四）控制量分配部件

控制量分配部件的核心功能是确保各种控制指令能够准确地送达到指定的设备或系统部件上，例如发电机组、变压器、开关设备等，以实现预定的保护或控制目标。控制量分配部件必须高效且精确地处理多任务分配问题，保证在复杂多变的电力系统环境中，每项控制措施都能够被正确执行。此部件通常包含一系列软件和硬件机制，用于接收控制量形成部件的输出，并将这些控制信号分配到适当的执行部件。它还需要具备处理并发命令的能力，保证在电力系统需要同时执行多种控制操作时，各个控制信号不会互相干扰。最后，控制量分配部件还必须考虑到系统的安全边界，避免因分配错误导致系统安全受到威胁。

控制量分配的有效性直接影响整个安全自动装置的响应时间和可靠性。因此，该部件的设计通常涉及高度的系统集成和协调能力，确保在各种紧急情况下，控制命令能够迅速、准确地被执行。

（五）执行部件

执行部件负责执行来自控制量分配部件的具体控制命令，如开关断路器、调节发电机输出、激活保护系统等。执行部件的性能和可靠性对保证电力系统在面临紧急情况时能够安全稳定运行至关重要。

执行部件的设计必须符合高标准的工程和安全规范，以承受系统操作中的各种物理和电气压力。例如，断路器必须能够在极短的时间内成功断开高压电路，而调节装置则需要精确控制输出，以防系统过载或不稳定。此外，执行部件还应具备一定的故障诊断和自我保护能力，以防在执行控制任务时发生设备故障或操作失误。这要求这些部件不仅要在设计上保证机械和电气性能，还要在软件层面具备智能诊断和反馈机制，确保在遇到问题时能够迅速报告并采取应急措施。

第二节　自动重合闸装置

一、自动重合闸的作用

在电力系统中，输电线路，特别是架空线路，是最容易发生故障的元件之一。大部分输电线路故障是瞬时性的，通常由雷电造成的表面闪络、线路与树枝接触放电、大风导致的导线碰撞、鸟类或树枝落在导线上、绝缘子表面污染等引起。这些故障发生时，如果线路被继电保护系统迅速断开，电弧会自行熄灭，障碍物被清除，线路的绝缘强度得以恢复。在这种情况下，重新合上断路器可以迅速恢复供电，大幅减少停电时间。然而，也存在永久性故障，如线路倒塌、断线或绝缘子损坏等，这些故障在合上断路器后仍会导致线路再次断开，无法恢复供电。

鉴于这些特点，输电线路的故障处理中，如果在第一次断开后进行一次重合闸操作，可以显著提高供电的可靠性。虽然这一操作可以由电网操作人员手动完成，但手动操作可能导致较长的停电时间，并可能导致用户的电动机等设备已停止运行，效果并不理想。因此，电力系统中常采用自动重合闸（Auto Re closure, ARC）装置来自动执行合闸。

自动重合闸的性能通常通过两个指标来衡量：重合闸成功率和正确动作率。重合闸成功率是指自动重合闸成功恢复供电的次数与总动作次数的比例。正确动作率则是指自动重合闸正确判断故障性质并采取适当动作的次数与总动作次数的比例。两者的计算公式如下：

$$重合闸成功率 = \frac{ARC动作成功的次数}{ARC总动作次数} \qquad (7-1)$$

$$正确动作率 = \frac{ARC正确动作次数}{ARC总动作次数} \qquad (7-2)$$

自动重合闸装置在电力系统中的应用带来了许多优势，主要体现在增强供电可靠性、提升系统稳定性、经济效益以及故障处理的优化方面。

（一）提高供电可靠性

在电力系统中，尤其是单侧电源的单回线路上，ARC的应用可以有效减少因瞬时性故障导致的停电次数。瞬时性故障，如由于环境因素（如雷击、风吹等）导致的短暂故障，往往在故障源移除后不久自然消失，此时，自动重合闸能迅速重新闭合断路器，恢复供电。这种快速恢复供电的能力对维护电网的稳定运行和确保用户不受长时间停电影响至关重要，特别是在只有单一电源供电的情况下，其作用更为突出。

（二）增强并联运行稳定性

在配备双侧电源的高压输电线路上，自动重合闸不仅提高了供电可靠性，还有助于增强电力系统的并行运行稳定性。通过应用ARC，系统可以在一侧发生故障时，快速恢复线路运行，保持网络的完整性和运行质量。这种快速的故障恢复能力使得系统能够承受较大的负载，从而增加整个电网的传输容量，提高了电力系统整体的运行效率和电力供应的稳定性。

（三）节省投资

在电网的设计与建设阶段，考虑到自动重合闸的功能，可以在一定程度上减少双回线路的需求。由于ARC可以有效处理瞬时故障并迅速恢复供电，一些原本需要建设以增强系统冗余和可靠性的双回线路可能暂时不必建设，从而直接降低了初期的投资成本。这种策略允许电力公司在保证系统稳定性和可靠性的前提下，优化资本支出，逐步根据实际需求和经济能力扩展基础设施。

（四）故障处理优化

自动重合闸与继电保护系统的协同工作提高了故障切除的速度和准确

性。ARC能够纠正因断路器机械问题或继电保护误动作导致的非计划跳闸事件，从而减少因设备或系统错误导致的不必要停电。此外，这种快速切除和重合的能力使得系统在发生真正的故障时能够迅速响应，避免故障扩散，减轻可能的损害，提高了整个电力系统的故障处理能力和操作灵活性。

二、对自动重合闸的基本要求

自动重合闸装置必须符合特定的操作和安全标准，以确保其在适当的情况下才会激活。

（一）手动跳闸和遥控装置跳闸时不应重合

ARC装置应确保在电网操作人员进行手动跳闸或通过遥控系统执行跳闸操作时，不会触发自动重合功能。这一要求的目的是尊重操作人员对系统状态的判断和控制权。当操作人员手动或通过遥控跳闸时，通常是基于对电网状况的详细了解和评估，可能涉及安全问题、设备检修或其他操作策略。自动重合闸若在这些情况下激活，可能会干扰这些操作或导致安全风险。因此，ARC系统需要有能力识别这类人为的断开命令，并相应地禁止自动重合动作，从而避免与人为控制相冲突或造成不必要的系统干扰。

（二）断路器处于不正常状态时不应重合

对于ARC装置，必须具备在断路器处于非正常状态时不进行重合的能力。这包括断路器的机械或电气部件存在缺陷，如液压或气压不足，或断路器的保护装置激活情况下，ARC应自动被闭锁。这种闭锁措施防止了在断路器本身存在技术缺陷或操作不当的情况下错误地尝试重合，从而增加了系统的整体安全性。例如，如果断路器的液压系统由于泄漏而压力降低，重合尝试可能导致机械故障或无法完成合闸操作，引发安全问题。因此，ARC系统需要监控这些关键的运行参数，并在检测到异常时自动锁定，直到问题被明确解决后才可重新启用重合功能。

（三）手动合闸于故障线路时不应重合

在电力系统中，如果操作人员手动合闸后由于线路上存在的故障而被继电保护迅速断开，表明该故障为永久性质，ARC 不应尝试自动重合。这种情况通常说明线路上的故障未被彻底解决，如维修质量问题、未清除的隐患或遗忘移除的保护接地线。在这种情况下，自动重合不仅无法成功恢复供电，反而可能加剧设备损坏或延误故障的彻底解决。因此，ARC 系统需要能够识别这种由继电保护快速再次断开的情况，并智能地判断不进行重合，直到确认线路已经完全安全和适合再次投入运行。

（四）快速动作的要求

ARC 的响应时间越短，对用户和整个电力系统的影响就越小。然而，确定 ARC 的最佳动作时间不仅仅是追求速度，还必须综合考虑几个关键因素：保护装置需要足够的时间来复归，故障点去离子化后绝缘强度的恢复时间，以及断路器操作机构的复位时间。这些因素确保在重新合闸前，所有相关系统和组件都已恢复到可以安全操作的状态。如果 ARC 动作过于迅速，而没有充分考虑这些因素，可能会导致再次合闸时故障未完全清除，从而引起更严重的设备损坏或安全问题。

（五）控制开关位置不对应原理

自动重合闸需要根据控制开关的位置与断路器的实际位置不对应的原理来动作。这意味着，即使控制开关处于合闸位置，如果断路器实际上处于断开状态，ARC 应自动启动，以尝试重新合闸。这种设计确保了在断路器由于任何原因跳闸后，ARC 都能够尝试进行至少一次重合操作，增强了系统的自恢复能力。此外，为了应对保护装置可能的快速动作，导致 ARC 来不及启动的情况，应设计包含自保持回路或记忆回路等功能，确保即使在快速跳闸后也能保证重合闸的可靠动作。

（六）动作次数的设定

ARC 的动作次数应严格按照预设的程序来执行，这是为了避免在元件损坏、继电器触点粘连或拒动等异常情况下，导致断路器的重合次数超过安全规定。例如，一次式重合闸应只动作一次，在重合后若遇到永久性故障导致再次跳闸，则不应再次动作。而二次式重合闸则允许动作两次，确保在两次重合后如再遇永久性故障而跳闸，不会再进行第三次尝试。这种设定减少了对设备可能造成的过度损耗和操作风险，同时增强了系统操作的预测性和稳定性。

（七）自动复归功能

自动重合闸装置的自动复归功能是确保装置在执行一次操作后能够自动设置为待命状态，准备进行下一次可能的动作。自动复归确保每次故障后，ARC 装置都能迅速恢复到初始状态，无需人工干预即可重新进行故障处理，从而大幅提高系统的响应效率和供电可靠性。然而，在 10 kV 及以下的低压线路中，为了简化系统设计和降低成本，可以采用手动复归的方式。这通常适用于故障频率较低或系统维护相对容易的环境，允许操作人员在进行必要的检查和维护后手动重置 ARC 装置，确保系统的安全运行。

（八）同步问题的考虑

在双侧电源的输电线路上使用 ARC 装置时，必须考虑到同步问题。双侧供电意味着从两个不同的电源向同一负载供电，这在重合闸时可能会出现相位不匹配的问题，导致同步失败，从而可能引发更严重的系统问题，如电压波动或设备损害。因此，ARC 装置必须能够检测两侧电源的相位，并确保在合闸前达到同步条件。这可能需要 ARC 装置具备更高级的测量和控制功能，以实时调整和匹配不同来源的电源特性，确保合闸操作的安全性和有效性。

（九）与继电保护的配合

继电保护系统的主要功能是在检测到系统故障时迅速断开故障部分，防止故障扩散。ARC 装置应能在继电保护动作前或动作后，根据故障的性质和紧急程度，加速继电保护的响应。例如，在瞬时故障清除后，ARC 可以迅速重新合闸以恢复供电，而在遇到永久性故障时，应支持继电保护的快速再次断开。这种配合不仅提高了故障处理的速度,还增加了系统处理复杂或多发故障的能力,确保电力系统在各种条件下的稳定和安全运行。

三、自动重合闸的分类

(一)按作用于断路器的方式分类

1. 三相重合闸

三相重合闸是自动重合闸系统中最常见的一种形式,它在所有三个相上同时进行操作。当系统检测到三相中的任何一相发生瞬时性故障时,三相重合闸会同时切断所有三相,然后在故障消除后一起重新闭合。这种同步操作确保了电力系统的相平衡和稳定性。

使用三相重合闸的主要优点在于其简单性和全面性,能够保证在整个电力系统中维持一致的电压质量和供电稳定性。它特别适用于那些对电力质量要求较高的应用场景,如大型工业设施或关键基础设施,这些场所对电源的连续性和稳定性有严格的要求。然而,三相重合闸的潜在缺点是,即使单一相出现瞬时故障,系统也会切断所有三相,这可能导致不必要的全面停电。此外,如果故障未能在第一次重合闸操作后清除,整个系统可能需要经历多次全断电和重合,这对设备和运营可能造成额外压力。

2. 单相重合闸

与三相重合闸不同,单相重合闸仅针对发生故障的单个相进行操作。这意味着如果某一相发生瞬时性故障,系统只会断开该相的电源,而其他两相继续运行,从而减少了因故障导致的影响范围和停电时间。

单相重合闸的主要优点是提高了电力供应的连续性和可靠性,特别是在故障相对较少的相上。它允许系统在不完全中断供电的情况下处理局部故障,这对于减少对终端用户的影响尤为重要。例如,在一条输电线上只有一相出现问题时,其他两相仍可继续供电,从而确保了更大程度的服务连续性。然而,单相重合闸在技术上可能更复杂,需要更精确的控制和故障检测系统来单独监控和处理每一相的状态。此外,在某些情况下,如果不同相之间存在相互依赖性,单独操作一个相可能会影响整体系统的稳定性。

3.综合重合闸

综合重合闸结合了三相和单相重合闸的特点,这类重合闸可以根据具体情况和系统需求,选择是独立操作单一相还是同时操作多相。例如,它可以在检测到单相瞬时故障时只操作该相,而在发现多相复杂故障时则进行多相操作。这种灵活性使得综合重合闸既能保持供电的最大连续性,又能确保在更广泛故障情况下的系统安全。

综合重合闸的应用需要高级的控制系统和算法,以实现高效的故障识别和操作决策。这种重合闸可以显著提高电力系统的自动化水平和智能响应能力,但同时也对系统设计和维护提出了更高的要求。

(二)按重合闸控制的断路器接通或者断开的电力元件划分

1.线路重合闸

线路重合闸是用于输电线路的自动重合闸装置,它主要应用在 10 kV 及以上的架空线路及电缆和架空线的混合线路上。此类重合闸的作用是在检测到线路上的瞬时性故障后,自动断开线路,随后在问题解决后迅速重新接通,以恢复电力供应。线路重合闸的应用可以显著减少由于瞬时故障如雷击或小动物触碰等引起的长时间供电中断,极大提高供电的可靠性和稳定性。在电力系统中,线路重合闸的使用十分广泛,除非系统的特定条件限制了其使用。

2.变压器重合闸

变压器重合闸专门用于控制变压器的连接和断开。这种类型的重合闸在变压器出现瞬时故障时自动将其从系统中断开,一旦确认故障消除,便能迅速重新合闸,恢复其运行。变压器重合闸的使用有助于保护变压器不受持续故障的影响,同时减少因变压器故障导致的供电中断时间。然而,由于变压器的核心地位和功能复杂性,这类重合闸在设计和实施上需考虑更多保护和安全策略。

3. 母线重合闸

母线重合闸应用于电力系统的母线,即电力系统中用于连接各个电气设备的主导电条或导线。母线重合闸在母线发生瞬时故障时断开连接,防止故障扩散到连接的其他电力设备。一旦母线的状况得到恢复,母线重合闸可以迅速重新闭合,保证电力系统的完整性和连续性。这种类型的重合闸在维持电网稳定和安全方面起着关键作用,特别是在高负荷或关键节点的母线上。

四、自动重合闸的实现

(一)自动重合闸的方式选择

选择自动重合闸的具体方式涉及对 CH_1 和 CH_2 状态的组合应用,这两个控制点通过不同的设置组合决定重合闸的操作模式。CH_1 主要用于控制三相重合闸的操作(当压板接通时置为1),而 CH_2 则用于控制综合重合闸模式(同样在压板接通时置为1)。通过这两个控制变量的不同状态组合,系统能够选择不同的重合闸模式,包括单相重合闸、三相重合闸、综合重合闸,以及完全停用重合闸的选项。具体如表7-1所示。

表7-1 CH_1、CH_2 组成的重合闸方式

	单相重合闸	三相重合闸	综合重合闸	完全停用重合闸
CH_1	0	1	0	1
CH_2	0	0	1	1

(二)自动重合闸充电

自动重合闸充电的主要目的是为了确保断路器在进行跳闸—合闸操作后,有足够的时间恢复其断开能力,以便在需要时能再次有效地断开。

1. 复归时间的设定

复归时间是指从断路器进行一次跳闸—合闸操作后,到下一次可以再

次操作之前必须等待的时间。这个时间段通常设定为 10～15 m，这是为了保证断路器的切断能力完全恢复。如果没有足够的复归时间，断路器的切断能力可能会下降，这在处理永久性故障时尤其重要，因为频繁的操作可能导致断路器性能衰减或故障。

2. 充电时间的选择

重合闸的充电时间通常被设置为 15～25 m。这个时间区间足够让断路器的操作机构（无论是气动还是液动）重新充能，准备下一次操作。在非数字式重合闸中，使用电容器放电来产生重合闸操作脉冲。因此，电容器从放电完毕到重新充电到足够的电压值（使 ARC 能够动作），需要的时间也应该在这个时间范围内。而在数字式重合闸中，充电过程被一个计时器模拟，计时器的计数过程相当于电容器的充电过程，计数器清零则相当于电容器放电。

3. 充电的先决条件

为了进行有效的充电，自动重合闸系统必须处于一系列特定的条件之下。首先，重合闸的投入运行状态必须是正常的，这意味着所有相关设备和控制系统都应处于工作状态。其次，在重合闸未启动时，三相断路器应处于合闸状态，且相关的跳闸装置继电器未激活。此外，断路器的气压或油压必须处于正常水平，保证断路器有足够的动力进行跳合闸操作。还应确保没有闭锁重合闸输入信号，以及在重合闸未启动时，没有发生断线失电压的情况。通过确保以上条件的满足，自动重合闸系统可以有效地进行充电，准备好对下一次可能的瞬时性或永久性故障做出快速反应。

（三）重合闸启动方式

自动重合闸启动方式主要有以下两种：

1. 控制开关与断路器位置不对应启动

这种启动方式基于控制开关的位置与实际断路器的位置之间的不对应状态。在正常运行条件下，控制开关的位置应与断路器的物理状态相符合——即如果控制开关处于合闸位置，断路器应处于闭合状态；如果控制开关在分闸位置，断路器应处于断开状态。然而，当出现控制开关显示为合闸而断路器实际上未闭合的情况时，表明系统可能遭受了某种瞬时故障或操作失误，需要重合闸装置介入以尝试恢复线路的正常供电状态。此启动方式的核心优势在于其自动性和响应的及时性。它能够在不依赖外部指令的情况下自动检测并纠正因操作失误或轻微故障导致的断路器和控制开关状态不一致问题。这种自动校正功能特别适用于电力系统中瞬时干扰频发的环境，可以快速恢复系统的稳定运行，减少因故障处理延误造成的经济损失和供电中断。此外，这种方式对系统的监控和维护也有积极影响，因为它促使运维团队对可能的系统漏洞或频繁发生的小故障进行更深入的分析和修正，从而提高整体系统的可靠性和安全性。

2.保护启动

保护启动方式依赖于电力系统的保护装置，如继电保护系统的激活。当系统中的保护装置检测到诸如短路、过载、电压异常等潜在危险情况时，会自动跳闸切断故障区段，以保护电网和连接的设备不受进一步损害。如果保护装置触发后识别出故障为瞬时性或已被清除，自动重合闸装置会启动，尝试重新合上断路器，恢复供电。

保护启动模式的优势在于其提供了一种高效的故障响应和恢复机制，特别是对于大型或复杂电力网络中可能迅速扩散的故障。通过与保护系统的紧密配合，重合闸装置不仅能够确保在安全的前提下尽可能减少停电的影响，还能在系统稳定后迅速恢复正常运行，优化电网的运行效率和可靠性。此启动方式要求重合闸系统与保护装置之间有高度的协调和通信能力，以确保在所有操作中都能保持高水平的准确性和时效性。此外，保护启动方式还需要精确的故障检测和判断机制，以避免在永久性故障情况下误启动重合闸，造成系统安全风险。

（四）自动重合闸计时

在单相故障的情况下，系统仅对发生故障的那一相进行跳闸操作。此时，自动重合闸将以单相重合的方式进行计时，设置一个特定的时间间隔 t_D，此间隔是从重合闸启动到发出合闸脉冲的时间。这样设计是为了给断路器足够的时间,让故障点的电弧自然熄灭和绝缘强度得到恢复,从而使得重合闸操作有较高的成功率。

如果系统检测到三相同时发生故障,将采取三相重合闸方式计时,这里使用的时间间隔为 t_{ARC}。这个时间通常长于单相故障的 t_D,因为多相故障的复杂性较高,需要更多的时间来确保系统的安全和稳定。

然而,存在一种特殊情况可能会对系统造成极大的困扰。假设在已经因单相故障而启动单相重合闸后,其他相在未完成重合前也发生故障,导致三相跳闸。这种情况下,可能会出现因时间间隔设置不当,使得一些断路器在没有适当间隔时间的情况下接收到合闸命令,从而在合闸后立即再次跳闸。这种频繁的跳合操作不仅使重合闸操作失败,还可能对高压断路器造成严重损害,包括但不限于机械磨损或电气过载。因此,在设置综合重合闸的系统中,特别是在可能发生复合故障的线路上,计时机制必须非常精确和灵活。一旦在非全相运行期间其他健全相发生故障并跳闸,重合闸必须重新计时,从最后一次故障跳闸开始计算时间。

(五)自动重合闸闭锁

自动重合闸闭锁是用以防止在不适宜的情况下重合闸动作,确保系统的安全运行。闭锁机制实际上是通过瞬间清零重合闸的充电计数器或通过其他方式阻断重合闸操作的一种安全措施。自动重合闸闭锁可以分为以下几种不同的情况。

(1)由保护定值控制字段设定闭锁。在某些特定的保护动作触发时,系统会自动执行闭锁重合闸,例如在相间距离保护、接地距离保护和零序电流保护等情况下。这些保护动作通常与电网中的严重故障相关,需要确保不进行重合闸操作,因为这些故障往往是永久性或复杂性故障,不适宜立即尝试重合。

(2)非保护定值控制的故障闭锁。在手动合闸故障线路或自动重合闸故障线路后,如果发生故障,应视为永久性故障并闭锁重合闸。此外,如果在单相跳闸或三相跳闸失败后转为全相跳闸,也应实行闭锁,因为这种情况下断路器可能存在机械故障。

（3）手动跳闸或遥控跳闸时闭锁。当操作人员手动跳闸或通过遥控装置执行跳闸时，应立即闭锁重合闸。同样，如果由于断路器失灵保护或母线保护动作而跳闸，也应闭锁重合闸，防止不适宜的重合操作。

（4）保护动作与重合闸方式不匹配时闭锁。如果系统设置为单相重合闸，但保护动作导致三相跳闸，应实施闭锁，避免因重合方式不匹配而引起的问题。

（5）重合闸停用时的闭锁。在某些情况下，系统可能完全停用重合闸功能，此时应在断路器跳闸后立即实施闭锁。

（6）重合闸动作时的即时闭锁。在发出合闸脉冲的同时，也应立即闭锁重合闸，以防在合闸过程中发生新的故障或操作问题。

（7）线路配置双重化保护时的闭锁。在配置了双重化保护的线路上，如果两套保护装置同时投入运行，为避免两次重合闸的潜在冲突，检测到另一套重合闸已经合闸后，应闭锁本装置的重合闸。这防止了重复重合的风险，确保了操作的安全性。

第三节 备用电源自动投入装置

一、备用电源自动投入装置的作用

备用电源自动投入装置（Automatic Transfer Switch，ATS）是一种在主电源发生故障或中断时自动切换到备用电源的装置。备用电源可以是发电机、另一电网线路或任何其他形式的备用电力源。

备用电源自动投入装置的主要作用如下：

第一，保障关键操作连续性。在主电源失效时，备用电源自动投入装置能迅速切换到备用电源，减少停电对关键服务和操作的影响。

第二，提高电力系统的可靠性。通过提供电源冗余，降低了因电力供应中断而导致的风险和潜在损失。

第三，支持紧急响应。在紧急情况下（如自然灾害或其他导致主电源中断的事件），确保必要设施如医院和救援服务的电力供应。

第四，优化能源管理。在电力需求高峰时段，可以用来管理负载和优化电力使用，通过自动或手动方式切换到成本效益更高或更环保的电源。

第五，减少业务中断和相关损失。对于数据中心、生产线等对电力高度依赖的业务，备用电源自动投入装置可以显著减少由电力中断引起的业务中断和数据丢失。

第六，提升设施安全。在电力供应中断可能导致安全事故的设施中（如化工厂、矿业操作），备用电源自动投入装置有助于维持关键安全系统的运行，防止事故发生。

二、备用电源自动投入装置的基本要求

为确保备用电源自动投入装置发挥作用，对其有如下几个基本要求：

（1）备用电源自动投入装置必须能够在任何情况下主电源电压消失时自动启动，以确保持续供电。为防止因电压互感器（TV）熔丝熔断而导致的误动作，备用电源自动投入装置的设计需包含TV断线闭锁逻辑。这意味着装置能够检测到TV断线并阻止因此引起的自动切换，避免因设备故障误判为电源故障而引发不必要的备用电源切换。闭锁逻辑增强了系统的整体可靠性，确保只有在真正的电源中断时才触发备用电源。

（2）确保备用电源仅在确认工作电源完全断开后才被投入。如果工作电源（如变压器）未完全断开，错误地投入备用电源可能导致电源环路冲突或将备用电源投入故障线路，可能引发严重后果。为此，备用电源自动投入装置设计应包括监测工作电源高低压侧的断路器状态。只有当这些断路器均确认断开后，备用电源自动投入装置才应触发备用电源的切换动作，先断开主电源开关，再合上备用电源开关，从而确保供电系统的安全和可靠。

（3）为了防止备用电源断路器频繁合闸引起的潜在问题，应设计短脉冲合闸机制。这样的设计确保断路器的合闸动作仅在必要时执行一次，减

少因多次合闸造成的设备磨损或电气事故的风险。简短且精确的合闸脉冲有助于提高整个系统的稳定性和安全性,同时也优化了设备的使用寿命。

(4)当备用电源被错误地投入一个存在故障的母线时,必须迅速启动保护装置,以防事故扩散。备用电源自动投入装置应与保护装置协同工作,确保在故障检测后立即加速保护动作,如断路或隔离故障部分,以最小化损害。这要求高度灵敏和快速响应的保护系统,以确保在任何故障情况下能迅速有效地隔绝问题,保护系统的完整性和安全。

(5)备用电源自动投入装置必须确保备用电源在有电压的情况下才能投入。如果备用电源本身没有电压,错误地将其投入不仅无法解决电力供应的问题,反而可能增加事故处理的难度和时间。因此,备用电源自动投入装置中应包括检测备用电源状态的机制,确保其在电压正常且稳定的情况下才被自动投入。

(6)备用电源自动投入装置的反应时间应尽可能短,以满足负载中电动机等关键设备自启动的时间要求。快速的自投动作可以减少电力中断对生产和设备运行的影响,特别是在医疗、工业等对电力连续性要求极高的领域。因此,备用电源自动投入装置的设计应优化其逻辑和物理响应时间,确保在电源失效后能迅速恢复电力,从而保护设备和减少潜在的经济损失。

(7)当备用电源容量有限时,备用电源自动投入装置应能在动作后自动切除部分非重要负荷。这一功能是为了防止备用电源过负荷运行,确保对重要负荷如关键设备和生命维持系统的持续供电。通过设置优先级或预设条件,备用电源自动投入装置能在必要时优先保障关键负荷的电力需求,同时减少对备用电源的总体负荷,延长其运行效率和寿命。

(8)备用电源自动投入装置应具备可靠的操作电源、完善的控制回路和信号监视系统。这些系统的可靠性直接影响到备用电源自动投入装置的性能和安全性。操作电源应保证在主电源失效时仍能维持装置的正常工作;控制回路设计应简洁有效,减少故障点;信号监视系统应能实时监控电源和设备状态,及时响应各种电力和机械故障。通过这些高标准的设计和配置,可以提高系统的整体稳定性和可靠性,确保在紧急情况下能够有效地切换至备用电源。

三、备用电源自动投入装置的主要组件

（一）控制器

控制器是备用电源自动投入装置的大脑，负责监测电源状况、做出投切换决定并控制整个装置的操作。它接收来自电源线的电压和频率信号，评估这些信号是否符合预设的工作标准，并在检测到电源故障时启动自动切换程序。控制器还负责与用户界面交互，允许设置参数、查看系统状态并进行手动操作。

（二）切换机构

切换机构是实际执行电源切换的物理设备，通常由电动或电磁操作的断路器或接触器组成。这些机构在控制器的命令下快速切换电源，从主电源切换到备用电源，确保电力供应的连续性。高质量的切换机构能够承受高频繁的操作而不损坏。

（三）电源监测装置

电源监测装置用于实时监测主电源和备用电源的电压、频率和其他关键电力参数。这些装置为控制器提供必要的输入，帮助决定是否需要切换电源。监测装置的精确性对于系统的可靠性至关重要，因为错误的数据可能导致不必要的切换或在需要时未能切换。

（四）用户界面

用户界面允许操作员监控系统状态、调整设置和手动控制切换操作。这通常包括显示屏（数字或模拟）、指示灯、按钮和其他控制装置。界面设计应直观易用，以便在紧急情况下快速做出响应。

（五）通讯接口

许多现代的备用电源自动投入装置配备了通信接口，如以太网、RS-232 或 RS-485，允许装置与建筑管理系统、数据中心的监控系统或远程监

控服务连接。这使得可以远程监控和管理 ATS，以及在有问题发生时迅速采取行动。

（六）继电保护

继电保护装置在备用电源自动投入装置中扮演着安全屏障的角色。它们保护装置和连接的负载不受电流过载、电压波动等潜在的危险。这些保护装置确保在电力异常情况下迅速断开连接，避免设备损坏和更大范围的电力故障。

四、微机型备用电源自动投入装置

传统的晶体管型或电磁型备用电源自动投入装置通常体积庞大、功能较为单一且可靠性较低。相比之下，微机型备用电源自动投入装置不仅体积更小，功能更加全面，而且可靠性更强。具体来说，微机型备用电源自动投入装置具有以下特点：

（一）综合功能全面、适应性广泛

微机型备用电源自动投入装置能够集多种功能于一体，大大提高了使用的灵活性和成本效率。传统的系统可能需要多套设备来处理不同的自动转换场景，如高压母联自投、低压母联自投和进线自投，每一种都要求单独的设备。微机型装置可以通过单一系统处理所有这些需求，有效解决了因高压进线故障、主变压器故障等不同原因引起的电力中断问题。这种一体化的功能减少了设备占用的空间，降低了投资和维护成本，同时也提高了系统的响应速度和效率。

（二）具备高级通信能力，适合无人值班环境

随着通信技术的发展，微机型备用电源自投装置被设计为能够与保护管理系统或综合自动化系统轻松集成。这使得该设备特别适合于无人值班的变电站，可以远程监控和控制，提高了运行的灵活性和安全性。通过串行通信，装置可以实时发送和接收指令及状态信息，使操作人员能够从远

端进行精确控制,及时响应各种操作需求和潜在的电力问题。

(三)小体积与高性能价格比

利用现代的大规模集成电路技术,微机型备用电源自动投入装置的造价随着技术发展逐渐降低,同时设备体积也大大缩小。这种小型化不仅节约了安装空间,也降低了物流和安装成本。小体积配合高性能使得这种设备的性价比极高,为用户提供了经济有效的解决方案来提升电力系统的可靠性和稳定性。

(四)自诊断能力强和可靠性高

微机型备用电源自动投入装置具备高度的自我诊断能力,设备在发生故障时能快速定位问题源头,并且便于维护和修理。大部分操作决策和功能执行都是通过软件控制,减少了硬件故障的可能性。此外,自诊断功能还能预测潜在问题,从而进行预防性维护,避免突发故障影响系统运行。

第四节 自动解列装置

一、自动解列装置的作用

当电力系统遭受重大扰动或某部分设施发生故障时,自动解列装置可以自动断开故障部分,避免扰动扩散至整个系统。自动解列装置的作用可以从以下几个方面进行说明:

(一)维持电网稳定性

自动解列装置通过迅速隔离电力系统中的故障区域,减少故障对整个电网的影响。在发生故障如短路或过载时,及时断开故障电路,有助于防止电压下降和系统频率的异常变化,从而维护整个电网的稳定性和运行效率。

（二）防止故障扩散

在大型电力系统中，局部故障如果未能及时控制，可能会导致连锁反应，进而引起更广泛的系统问题，如级联停电。自动解列装置能够快速识别并隔离故障源，有效地防止故障扩散，保护电网中未受影响的部分免受损害。

（三）优化系统恢复

在电力系统发生故障后，自动解列装置不仅能执行故障隔离，还能在系统条件允许的情况下协助电力系统的恢复。例如，通过有序重连未受影响的部分或引入备用电源，这些动作可以在不牺牲系统安全的前提下，尽快恢复电力供应。

（四）提高供电可靠性

自动解列装置通过减少故障影响时间和范围，提高了电力系统的整体可靠性。用户经历的电力中断时间更短，系统运行更加可靠，从而提高了用户对电力供应商的满意度和信任度。

二、自动解列装置的工作原理

在正常运行中，自动解列装置通过连接到电力系统的多个传感器和计量装置，不断收集关于电压、电流、频率及其他关键电力质量指标的数据。这些数据实时传输到装置的中央处理单元，中央处理单元内嵌的软件算法不断分析这些实时数据，以便检测出任何可能表明系统即将或已经出现问题的迹象。一旦检测到系统中的异常情况，自动解列装置便会立即启动预定的故障响应程序，根据预设逻辑和故障性质决定最佳的响应策略。这通常意味着要计算最少影响路线以隔离故障区域，同时确保系统的其他部分继续稳定运行。完成隔离故障区域后，自动解列装置还会执行电网的重新配置，以优化整体运行效率并尽量减少对用户的影响，包括调整路由、启用备用路径或重新分配负载等。在故障处理和隔离之后，自动解列装置继续监控系统的恢复过程，确保所有组成部分都按照既定的安全和效率标准恢复工作。装置可能会引导系统逐步恢复到正常状态，包括重新连接已经隔离的区域，前提是这些区域已经被确认为安全。同时，装置会调整系统的运行参数以达到最优化状态，保证电力供应的连续性和安全性。

三、微机振荡解列装置

UFV-2F 型微机振荡解列装置适用于监测大型枢纽变电站、发电站、重要联络线及小水电、小火电等各种接线方式的电网，在电网发生失步振荡事故时，能快速发出动作命令，有选择地在指定地点解列系统或切除发电机组，并根据解列后系统电压和频率的异常情况，切除多余负荷或发电机组。该装置有以下几个主要特点：

第一，该装置能够在监测点收集 $1\sim3$ 条线路的三相电压和电流数据，这使得其能在电力系统发生失步振荡时迅速评估情况。一旦判断系统出现失步振荡，装置即发出解列命令，快速平息振荡并维持剩余系统的稳定运行。

第二，该装置还采用振荡包络电压的最低值作为解列动作区范围的判据。这种方法的整定计算简单且选择性好，使得解列操作不仅快速而且精准，极大地提高了系统的安全性。

第三，通过振荡周期计数和振荡包络电压的整定方法，UFV-2F 型微机震荡解列型装置能够确保相邻的装置间整定值的差异化，从而实现解列点的协调配合。该方法保证了电网在发生失步时只在一个确定的断面上进行解列，从而最大限度地减少了对整个电网稳定性的影响。

第四，该装置首次将失步解列、低频低压解列、过频解列及低频低压减载、过频过压切机等多种功能集成于一体，使得装置不仅能应对单一的电网事件，还能全面管理多种潜在的电力系统危机，提供全面的保护策略，保证电网的最高安全性和可靠性。

第五节 故障录波装置

故障录波装置主要用于捕捉和记录电力系统在故障或非正常操作期间的详细数据，能够实时监控和记录电压、电流、频率及其他关键电气参数的波形，提供关于故障发生前后系统状态的详细视图。故障录波装置的数据对于后续的事故分析、系统恢复及改进系统设计和操作具有重要价值。

一、故障录波装置的作用

（一）分析电力系统事故并研究防范对策

故障录波装置通过详细记录电力系统在事故期间的电流和电压波形，提供了分析事故原因的关键数据。例如，装置可以帮助技术人员分析过电压的起因、探究可能的铁磁谐振现象，并通过对事故波形的细致审查，明确事故的性质和具体原因。这样的分析不仅帮助理解事故发生的机制，还能指导工程师和技术人员开发有效的防范措施和应急响应策略，以防未来类似的事故再次发生。

（二）评价继电保护和安全自动装置的行为

故障录波装置记录的数据对于评估继电保护和安全自动装置的性能至关重要。通过分析故障时的电流和电压数据、断路器的跳合闸行为及故障类型和相别，技术人员可以验证继电保护系统的响应是否及时准确。此外，这些记录还可以揭示保护设备在转换性故障期间的表现，帮助工程师优化设备设置，确保在实际操作中能够有效地隔离故障并保护系统免受更严重的损害。

（三）确定线路故障点位置

故障录波装置提供的详细波形记录可以用来精确定位系统故障点。通过对故障发生时电流和电压变化的精确分析，技术人员可以快速地确定故障发生的具体位置，从而迅速采取措施修复损害，缩短停电时间，恢复正常供电。

（四）分析研究系统振荡规律

系统在经历振荡事件，如失步或再同步过程中，故障录波装置能够记录下整个过程中的电流、电压和其他电气参数的变化。这为研究系统的动态响应提供了宝贵的数据，帮助工程师理解系统在此类事件下的行为。基于这些数据，可以更准确地调整继电保护和安全自动装置的参数，增强系统在未来类似事件中的稳定性和可靠性。

（五）实测系统异常运行参数

利用故障录波装置实时监测和记录的数据，可以准确获得系统在异常或极端情况下的运行参数。这些数据不仅对立即的故障分析和系统恢复至关重要，还能帮助工程师优化系统设计和操作策略，提高系统整体的运行效率和安全性。通过持续分析这些实测数据，电力系统的管理和维护可以更加科学和精确，从而提高电力供应的可靠性和效率。

二、故障录波装置的构成

故障录波装置的构成如图 7-2 所示：

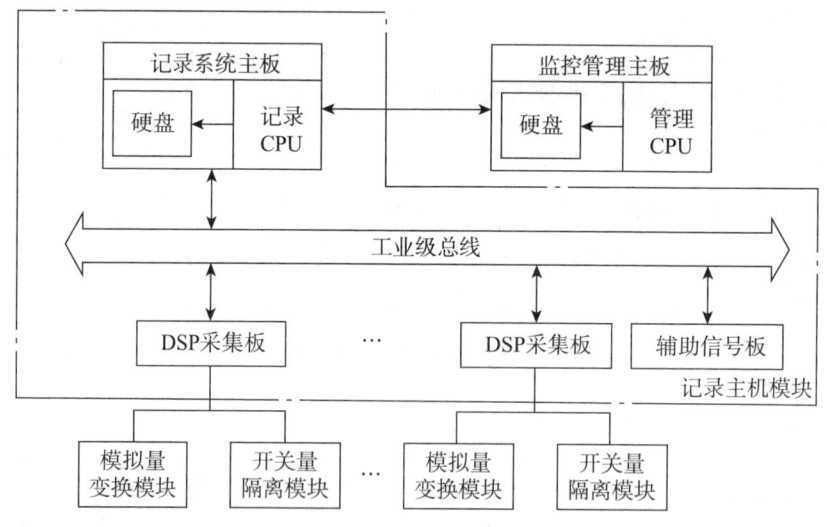

图 7-2 故障录波装置的构成

(一)记录主机模块

故障录波装置的核心部分是记录主机模块。在电力系统发生故障时,故障录波装置能够准确无误地捕捉故障发生前后的波形数据,保留故障记录,以供事后分析。记录主机模块包括以下几部分:

1. 记录系统主板

记录系统主板通常集成有微处理器和必要的内存,负责协调整个装置的操作,包括数据的处理、存储和通信。主板也处理来自其他板卡的数据流,并执行数据记录、事件分析和通信任务。主板上的微处理器通过优化的算法快速处理复杂的数据,保证在电力系统发生故障时能迅速做出响应。

2. DSP采集板

DSP采集板直接处理来自电力系统传感器的模拟信号,将其转换成数字信号,以便进一步分析。DSP采集板的高性能确保了故障录波装置能实时捕捉电流、电压等关键电气参数的波形,即使是非常短暂的瞬态事件也不会遗漏。

3. 辅助信号板

辅助信号板负责接收和处理来自系统其他部分的辅助信号,例如断路器的状态信号、保护装置动作信号等。辅助信号板对故障分析来说至关重要,因为它们提供了事件发生前后系统状态的额外信息,帮助确定故障的确切时刻和可能的原因。

(二)监控管理模块

监控管理模块配备的大屏真彩液晶显示和基于Windows的图形化界面,使得操作更为直观和用户友好。它不仅能够迅速进行数据记录和存储,还支持数据的实时监控和管理,包括波形的深入分析及记录数据的备份存储。这些功能的集成使得监控管理模块成为电力系统中不可或缺的工具,特别是在实时数据监视、系统配置管理、通信远传及波形分析等方面展现出显著的效能。

1.实时监视和系统管理功能

（1）实时数据监视。该模块能够实时监测并显示系统运行参数的有效值，这对于运维人员及时了解系统状态和进行必要的调整至关重要。

（2）密码管理。设有授权密码管理系统，确保系统设置的安全性，防止未授权访问。

（3）系统配置调整。包括模拟量和开关量起动的投退，定值的整定等，提供灵活的系统调整选项。

（4）时间管理。允许操作人员进行时间的校准，保证时间记录的准确性。

（5）手动起动。检查系统整体运行状态，确保所有组件功能正常。

2.通信和远传功能

通过调制解调器和电话线或专网，监控管理模块可以远传记录文件，实现数据的远程管理和分析。

3.波形分析和管理功能

（1）波形编辑。该功能使操作者能够查看并操作电压和电流波形，包括滚动查看、放大细节、缩小总览和波形比较。用户可以在同一屏幕上显示特定时段的模拟量和开关量波形，并根据需要显示或隐藏特定波形。此外，还可以进行电压和电流的幅值、峰值和有效值分析。

（2）记录时间标明。故障录波设备会记录和显示故障记录的具体时间和故障发生的准确时刻，这对于事件的时间定位至关重要。

（3）故障性质标注。设备能够标注故障的具体性质，判断故障是由模拟量异常还是某个开关量的动作引起的。

（4）序电压及序电流分析。显示和分析序电压和序电流，这对于理解故障的电气性质和影响范围非常有帮助。

（5）谐波分析。进行谐波分析，帮助识别和评估电力系统中的谐波畸变，这些畸变可能影响设备性能和电力质量。

（6）有功功率及无功功率分析。分析故障时的有功功率和无功功率，了解故障前后功率的变化，这对于评估故障影响和后续恢复策略制订非常重要。

（7）故障测距。估算故障点到测量点的距离，这对于快速定位故障点和修复工作的展开至关重要。

（8）有效值分析。计算并分析电压和电流的有效值，这是评估整个电力系统状态的一个重要参数。

（9）记录文件管理。管理存储的故障录波数据文件，确保数据的组织和检索可以高效进行。

（10）输出打印报告。生成并打印包含所有关键信息的故障分析报告和故障报告，如故障时间、起动方式、系统频率、模拟量波形、开关量动作情况等。这些报告可为技术人员进行故障回顾和系统优化提供文档支持。

三、故障录波装置的通信联网方式

当前，在我国的电厂和变电站中，故障录波装置的通信部分主要负责上位机与下位机之间、上位机与远程调度中心之间的故障数据和控制命令传输。由于故障录波装置是电网暂态过程的监测系统，它需要将故障信息传递给相关部门，因此还需要与电力管理信息系统进行连接。故障录波装置的通信联网方式主要有以下三种：

（一）录波系统专用网

专用网络采用自定义网络协议，主要用于上下位机之间的命令和数据传输。由于网络是每台现地录波装置与外界沟通的唯一渠道，它可以有效地防止外部病毒的侵害。这种网络由于传输距离较近且数据量大，通常使用 10/100Mbit/s 的网卡和网线直接连接，确保数据传输的快速性。上位机内置的数据包检测机制能及时发现并要求下位机重发错误的数据包，从而提高数据传输的可靠性。

（二）电站局域网

在我国，各电厂都配备了自己的内部局域网，故障录波装置的上位机可以接入这些局域网，进而与电力 MIS 系统连接。通过使用标准的局域网架构和通信协议，上位机处理后的数据可以传送至 MIS 服务器，实现数据共享,供电厂内部各部门使用。这种方式不仅提高了数据的利用效率,还增强了电厂运行的协同性。

(三)远程通信网

录波装置与远程分析站的连接通常通过电力系统的内部微波电话网络实现,使用调制解调器和点对点协议进行远程通信,当上位机接收到故障信息并进行分析处理后,会在系统负载较轻时主动与远方调度中心建立连接,并发送故障分析结果。调制解调器的连接导向通信特性确保了数据传输的可靠性。通过这种方式,故障信息及保护管理信息可以有效地传输至上级调度单位,以便进行更深入的分析和决策。

四、故障录波装置的基本要求

(一)记录量

故障录波装置作为电网系统中重要的监控和分析工具,其主要功能之一是记录关键的电气参数和系统状态,这些记录量对于事后分析电网故障至关重要。

故障录波装置的记录量大致分为两类:模拟量和开关量。模拟量涵盖了一系列电网运行中的电气参数,如输电线路的三相电流、零序电流、高频信号及多种电压和电流参数,包括母线的三相电压和零序电压,主变压器的三相电流及励磁电流。对于发电机而言,记录的模拟量还包括有功功率、无功功率、励磁电压和电流,以及电机的负序电压和电流等。这些参数的记录不仅帮助技术人员监控电网的实时运行状态,还能在故障发生时提供详尽的数据支持,从而分析故障原因,优化系统性能。开关量则关注电网中各种开关设备的动作状态,包括输电线路的跳闸信号、保护装置的动作信号等。这些信息对于确认故障影响范围和动作时间点具有重要意义。

(二)数据记录时间以及采样速率

为了确保能够全面捕捉到电网故障前、故障发生期间及故障后的系统动态，故障录波装置必须按照特定的采样速率和时间段进行数据记录。故障录波装置的数据记录时间和采样速率分为 A、B、C、D 4 个时段，每个时段针对的是故障处理的不同阶段。

A 时段记录的是系统在受到大扰动之前的稳定状态数据，输出原始的记录数据及对应波形，以便与后续的扰动数据进行比较。这个时段的记录时间至少为 0.04 s，虽然看起来非常短，但是由于采用高速采样技术，足以捕捉到扰动前的关键信息。

B 时段记录系统受到大扰动后初期的状态数据，能够直接输出原始波形，观测到至少 5 次谐波的出现。此外，每个工频周期的有效值和直流分量也将被记录，以详细追踪扰动发生后的立即效应，记录时间不少于 0.1 s。

C 时段记录系统受到大扰动后中期的状态数据，可以输出原始记录的波形以及连续工频的有效值，记录时间不小于 2 s。

D 时段记录系统受到大扰动后长期的过程数据，监控大扰动后系统的长期表现。每 0.1 s 记录一次工频有效值，常规记录时间设定为 600 s。在特定情况下，如系统出现振荡、持续的欠电压或频率下降等问题时，将进行延长的持续记录，以彻底分析和理解长期影响。

(三) 记录启动方式

故障录波装置启动方式一般有 3 种：人工起动、开关量起动和模拟量起动。

人工起动方式允许操作人员在任何需要的时候，通过就地手动操作或远程遥控的方式启动记录。这种灵活的起动方式使得在预测到可能的问题发生前，或在没有自动触发条件满足时，依然可以进行数据记录。人工起动特别适用于测试或维护期间，当工程师需要手动捕捉特定操作时刻的系统状态数据。开关量起动是依据电网中特定开关量的变动来触发故障录波装置启动的方式，包括变位起动、开起动、闭起动等，实质上是通过监测电路的开合状态变化来决定是否启动记录。例如，如果某个保护装置动作或者断路器操作，系统将自动开始记录，从而确保所有相关的电气参数都被准确捕获，这对故障分析尤为重要。模拟量起动是基于电气参数如电流、电压的异常变化来触发记录。这些参数通常用于识别和记录电网中的异常电气行为，如过载、短路或设备故障。特别是在变电站故障录波装置中，通过电流和电压的越限起动，以及零序量和负序量的异常，可以及时捕捉到电网状态的异常变化，及早响应可能的系统危机。

故障录波装置一旦被任一方式触发起动后，将根据预设的采样时段顺序记录输入量。如果在记录过程中有新的起动量动作，设备将重新记录，以确保所有关键信息的准确捕获。记录将持续直到所有起动量复归或达到记录时长上限，此后装置将终止记录。

（四）存储容量以及记录数据输出方式

故障录波装置的存储容量和数据输出方式是确保其功能效果的基础。装置的存储容量必须充足，以便在电力系统发生重大扰动时，无遗漏地记录下每次扰动之后的全部过程数据。这些数据通常存储在装置的主机模块及监控管理模块的硬盘中，其中存储容量的大小基本上只受到硬盘容量的限制。

在数据输出方面，故障录波装置需要能够响应来自监控计算机、分析中心主机及就地人机接口的指令，快速、安全且可靠地输出记录数据。数据的输出方式多样，可以通过以太网或 MODEM 进行通信输出，这样便于数据的远程访问和分析。此外，还可以使用 USB 移动存储设备进行数据传输，增加了数据携带和使用的灵活性。故障录波装置输出的数据格式遵循 IEC 870-5-103 标准规约，确保数据的兼容性和互操作性，使得故障回放功能得以实现。

（五）GPS 对时功能

故障录波装置的 GPS 对时功能使得所有故障录波装置能够使用全球定位系统（GPS）进行精确的时间同步。由于故障分析依赖各种数据的时间对应关系，确保各个记录点的时间标准一致是非常重要的。

在电力系统中，故障的发生和解决往往涉及多个组件和位置，因此，需要故障录波装置在各个地点记录的数据具有精确一致的时间标记。这样，当系统分析师回顾和分析故障事件时，能够准确地对照不同地点的数据发生的时间顺序和关系。通过内部时钟提供的时标，配合外部同步的时钟信号，故障录波装置能够将时钟误差控制在 1 ms 以内。这种高精度的时间同步保证了即便在电网范围广泛、装置分布广泛的情况下，所有设备的记录数据也能在时间上保持高度一致性。此外，使用 GPS 对时还有助于简化系统维护和提升系统的可靠性，因为它减少了因时间误差可能引起的分析错误。

参考文献

[1] 柏雪枫. 配电网调度自动化系统建设策略及发展方向分析 [J]. 光源与照明, 2023(12): 228-230.

[2] 曹华卿. 电力系统配网自动化通信的网络安全管理问题探讨 [J]. 大众标准化, 2024 (1): 161-163.

[3] 陈建业, 蒋晓华, 于歆杰, 等. 电力电子技术在电力系统中的应用 [M]. 北京: 机械工业出版社, 2008.

[4] 陈金富. 电力系统规划分析自动化系统研究 [M]. 武汉: 华中科技大学出版社, 2005.

[5] 陈利忠. 配电网馈线自动化终端系统的设计 [J]. 自动化应用, 2024, 65 (5): 218-220.

[6] 陈鹏飞. 电力系统运行中电气自动化技术的应用研究 [J]. 电气技术与经济, 2024 (5): 121-123.

[7] 陈生贵, 袁旭峰, 等. 电力系统继电保护 [M]. 重庆: 重庆大学出版社, 2019.

[8] 陈歆技. 电力系统智能变电站综合自动化实验教程[M]. 南京: 东南大学出版社, 2018.

[9] 邓兴彦, 季亚枫. 电力系统电气工程自动化的智能化应用分析 [J]. 产品可靠性报告, 2023 (12): 114-116.

[10] 杜志强, 徐庆坤. 新能源与电力系统研究 [M]. 北京: 北京工业大学出版社, 2018.

[11] 房俊龙. 电力系统分析 [M]. 北京：中国水利水电出版社, 2007.

[12] 冯兴亚. 智能电网中的配电自动化技术应用 [J]. 电子技术, 2024, 53 (3): 204-205.

[13] 韩富春. 电力系统自动化技术 [M]. 北京：中国水利水电出版社, 2003.

[14] 何国军. 电力调度自动化系统运维管理技术 [M]. 重庆：重庆大学出版社, 2017.

[15] 何良宇. 建筑电气工程与电力系统及自动化技术研究 [M]. 北京：文化发展出版社, 2020.

[16] 贺兴, 艾芊, 潘博. 未来能源技术系列 电力系统大数据与数字孪生系统 [M]. 上海：上海交通大学出版社, 2022.

[17] 侯博宇. 配网自动化技术在电力系统中的应用 [J]. 光源与照明, 2023, (11): 213-215.

[18] 郎坤. 电力系统短期负荷预测及经济调度决策优化研究 [M]. 大连：大连理工大学出版社, 2020.

[19] 李宝国, 鲁宝春. 电力系统自动化 [M]. 沈阳：东北大学出版社, 2014.

[20] 李可. 电力系统发展与智能电网研究 [M]. 汕头：汕头大学出版社, 2021.

[21] 李苈茹. 电力系统智能技术在自动化中的应用探讨 [J]. 光源与照明, 2024(3): 189-191.

[22] 李霜. 电力系统 [M]. 重庆：重庆大学出版社, 2006.

[23] 李艳, 许方杰. 基于配电网自动化技术的电力系统运行优化策略 [J]. 光源与照明, 2024 (2): 234-236.

[24] 李志强, 李晶, 邓显俊, 等. 变电站综合自动化改造及安全管控分析 [J]. 农村电气化, 2024(1): 11-13.

[25] 厉超军. 电力智能技术在电力系统自动化中的应用 [J]. 数字技术与应用, 2023, 41 (12): 49-51.

[26] 梁高源, 赵福春, 翟亚州. 电力系统管理及其自动化技术研究 [M]. 长春：吉林科学技术出版社, 2023.

[27] 梁凯, 翁同, 曹永智. 电力系统自动化配网智能模式的应用 [J]. 通讯世界,

2024, 31 (4): 61-63.

[28] 刘保平. 电力系统继电保护及自动化故障风险分析 [J]. 电气传动自动化, 2023, 45 (6): 25-28, 38.

[29] 刘美希. 继电保护自动化技术在电力系统中的应用研究 [J]. 光源与照明, 2024 (3): 201-203.

[30] 刘宁, 李国伟, 田军胜. 电力系统自动化与智能电网技术研究 [M]. 哈尔滨: 东北林业大学出版社, 2023.

[31] 龙光清. 电力系统自动化设备中电磁兼容技术的应用研究 [J]. 现代制造技术与装备, 2023 (S1): 49-51.

[32] 罗华玥. 配电网自动化系统中的风险与控制策略分析 [J]. 集成电路应用, 2024, 41 (4): 264-265.

[33] 牟洵. 电力系统运行中电气自动化技术的应用路径分析 [J]. 家电维修, 2023 (12): 44-46, 57.

[34] 聂玉菲. 电气工程及其自动化技术下的电力系统自动化发展分析 [J]. 产品可靠性报告, 2024 (4): 81-83.

[35] 宁占虎. 变电站中的电气二次设备自动化系统设计 [J]. 电子技术, 2024, 53 (3): 172-173.

[36] 商国才. 电力系统自动化 [M]. 天津: 天津大学出版社, 1999.

[37] 沈通. 配电网自动化与智能感知技术的融合分析 [J]. 电子技术, 2024, 53 (3): 238-239.

[38] 史伟伟. 地理信息系统技术在电力系统自动化中的应用 [J]. 集成电路应用, 2023, 40 (9): 277-279.

[39] 汤瑞, 秦正升, 罗明飞, 等. 继电保护智能化与自动化融合的分析 [J]. 电子技术, 2024, 53 (3): 242-243.

[40] 唐飞. 计算机技术与电力系统自动化的整合应用研究 [J]. 中国高新科技, 2024(1): 31-33.

[41] 陶光东, 杨泰朋, 张彬雨. 电力系统自动化研究 [M]. 哈尔滨: 哈尔滨工业大学出版社, 2018.

[42] 提兆旭, 陈赤培. 电力系统计算机调度自动化 [M]. 上海: 上海交通大学出版社, 1995.

[43] 王弘法. 电力调度自动化系统中的实时负荷预测及优化调度研究 [J]. 今日制造与升级, 2023(11): 34-36.

[44] 王理强, 曹阳, 李玉华. 变电站电力系统的自动化智能控制技术研究 [J]. 电气技术与经济, 2024 (5): 41-44.

[45] 王平洋. 现代电力系统自动化与电子计算机的应用与发展 [M]. 北京: 水利电力出版社, 1986.

[46] 王舒琦. 电力系统调度自动化故障及处理措施 [J]. 中国高新科技, 2023 (18): 52-54.

[47] 王馨悦, 马星河. 基于PID控制技术的电力系统运行自动化控制系统 [J]. 自动化与仪表, 2024, 39 (1): 66-70.

[48] 吴雨晨. 电力设备与系统研究 [M]. 长春: 吉林科学技术出版社, 2017.

[49] 肖大春. 计算机在电力系统自动监测与诊断中的应用 [J]. 集成电路应用, 2024, 41 (3): 356-357.

[50] 徐新亮. 电气自动化技术在电力系统生产运行过程中的应用研究 [J]. 光源与照明, 2024 (3): 204-206.

[51] 徐震, 薛飞. 电力调度自动化系统故障与应对措施分析 [J]. 电子技术, 2023, 52 (11): 244-245.

[52] 薛建标. 自动化技术在电力系统配电网工程中的应用探讨 [J]. 科技风, 2024, (3): 84-86.

[53] 薛康. 配电网故障定位中的自动化技术应用 [J]. 电子技术, 2024, 53 (2): 154-155.

[54] 雪艳. 电力系统主网调度与配网运行自动化的发展方向探析 [J]. 现代工业经济和信息化, 2023, 13 (9): 258-260.

[55] 杨坤. 电力自动化控制系统中的智能技术应用 [J]. 集成电路应用, 2024, 41 (4): 124-125.

[56] 殷小贡, 刘涤尘. 电力系统通信工程 [M]. 武汉: 武汉水利电力大学出版社,

2000.

[57] 于海峰. 智能技术在电力系统自动化中的应用研究 [J]. 光源与照明, 2024(3): 186-188.

[58] 余育刚, 洪泽, 王辉. 可视化技术在电力调度自动化系统中的应用研究 [J]. 中国高新科技, 2022 (4): 52-53.

[59] 翟建强. 电力系统自动化中的电能质量监测与控制 [J]. 模具制造, 2024, 24 (4): 216-218, 221.

[60] 詹为军. 电气自动化控制技术在电气化铁路电力系统中的应用 [J]. 运输经理世界, 2024 (3): 157-159.

[61] 张恒伟, 董淑海, 张贝贝. 电力系统及其自动化技术的安全控制研究 [J]. 光源与照明, 2024, (1): 216-218.

[62] 张恒旭, 王葵, 石访. 电力系统自动化 [M]. 北京: 机械工业出版社, 2021.

[63] 张钧皓, 祝少卿, 张沥新, 等. 电气工程及其自动化技术在电力系统保护与控制中的应用 [J]. 现代工业经济和信息化, 2024, 14 (3): 159-161.

[64] 张瑞程, 张仁尊, 王书源, 等. 基于大数据的电力系统继电保护自动化技术的研究 [J]. 自动化应用, 2024, 65 (2): 36-38.

[65] 张晓敏. 电力系统调度与监控自动化及其发展方向探究 [J]. 黑龙江科学, 2022, 13 (10): 122-123.

[66] 赵雅欣, 翟怡然, 王熙, 等. 电力自动化系统中的计算机技术应用 [J]. 集成电路应用, 2024, 41 (2): 76-77.

[67] 赵仲民. 电力系统与分析研究 [M]. 成都: 电子科技大学出版社, 2017.

[68] 郑喆, 陈洁韬. 电力调度自动化中的智能电网技术探讨 [J]. 电气技术与经济, 2023(8): 339-342.

[69] 周豪, 夏咏荷. 电力系统及其自动化在电网调度中的实际应用 [J]. 模具制造, 2023, 23 (10): 202-204, 207.

[70] 周杰娜. 现代电力系统调度自动化 [M]. 重庆: 重庆大学出版社, 2002.